U0632858

Government Behaviors in the Strategy
of Innovation-driven Development

创新驱动中的
政府行为

邹彩芬 ◎著

中国财经出版传媒集团
经济科学出版社
Economic Science Press

图书在版编目（CIP）数据

创新驱动中的政府行为/邹彩芬著 . —北京：经济科学出版社，2017. 11

ISBN 978 - 7 - 5141 - 8571 - 3

Ⅰ . ①创… Ⅱ . ①邹… Ⅲ . ①科研开发 - 政府行为 - 研究 - 中国 Ⅳ . ①G31

中国版本图书馆 CIP 数据核字（2017）第 266303 号

责任编辑：王 丹 王 莹
责任校对：刘 昕
版式设计：齐 杰
责任印制：邱 天

创新驱动中的政府行为

邹彩芬 著

经济科学出版社出版、发行 新华书店经销

社址：北京市海淀区阜成路甲 28 号 邮编：100142

总编部电话：010 - 88191217 发行部电话：010 - 88191522

网址：www. esp. com. cn

电子邮件：esp@ esp. com. cn

天猫网店：经济科学出版社旗舰店

网址：http://jjkxcbs. tmall. com

北京季蜂印刷有限公司印装

880 × 1230 32 开 7. 25 印张 200000 字

2017 年 11 月第 1 版 2017 年 11 月第 1 次印刷

ISBN 978 - 7 - 5141 - 8571 - 3 定价：30. 00 元

（图书出现印装问题，本社负责调换。电话：010 - 88191510）

（版权所有 侵权必究 举报电话：010 - 88191586

电子邮箱：dbts@ esp. com. cn）

前　言

　　研发是技术和知识的主要源泉，也是经济增长和国家保持竞争优势的关键驱动因素。增加研发投资是欧洲 2020 年战略的五个重点关注领域之一。市场失灵和融资约束以及保护创新者利益为市场经济国家实施政府干预提供了基本依据，解释了即使是美日欧等完全市场经济国家也会采取公共政策来激励企业的研发投资与技术创新活动；技术追赶以及保护幼稚产业则进一步解释了发展中国家行使深度干预的根本原因。R&D 补贴也是世贸组织《补贴与反补贴措施协定》规定的不可申诉补贴的重要形式。但是，与我国庞大的公共研发支出相比，我国企业的研发投资仍远低于西方国家。

　　本书揭示了市场导向下企业研发投资的诱导机理与公共研发政策政府行为策略，剖析政府干预下企业的投融资策略及其行为效应；分析政府在高新区创新驱动战略发展以及县域经济发展中的作用机理及其经济效应，提出优化公共研发政策的建议。期望通过本研究，探索政府研发政策与企业研发活动之间的内在联系、政府在高新区发展、产业集群以及县域经济发展中的作用机理，促进公共研发政策的适应性调整，促使企业增加研发投资，提升技术创新能力；促成政府研发补贴与企业研发投资中良性马太效应的形成，促进产业集聚、高新区繁荣发展、增强地方实力。

本书中研究的进行，在理论上回应了企业创新驱动因素的技术推动论、需求拉动论与政府引导论；有利于拓展政府公共研发政策与创新政策的理论内涵；有助于增进对企业研发投资战略选择与创新能力形成"黑箱"的认识；为理解政府创新政策与企业研发与创新投入决策之间关系的微观机理提供新的重要视角。在实践上，为贯彻十八届三中全会提出"使市场在资源配置中起决定性作用和更好发挥政府作用"在政府公共研发政策中的运用提供理论与微观基础数据支撑；为企业紧密抓住机遇并增强政府政策支持力提供可操作性的现实指导。

具体包括以下三大方面的内容：

第一，宏观经济环境下企业的投资行为策略及创新战略。此方面将包括 第一章经济周期波动与投资行为研究；第二章知识产权保护与技术创新关系透视；第三章环境规制与企业技术创新：分行业比较。

第二，政府干预下的企业投资行为策略。此方面从政府干预下企业的融资行为策略、投资行为策略进行分析，特别是对企业的投资选择——并购抑或创新进行了分析。包括第四章 政府干预、信贷规模，创新抑或并购；第五章政治关联给企业带来了什么样的资源便利？第六章政府补贴动机、实质及其影响因素研究；第七章政府补贴、企业研发实力及其行为效果；第八章政府补贴的创新、创值效应分析。

第三，产业发展中的政府行为及其经济效果。高新区是地方实施创新驱动战略的重要载体，产业集群是产业化发展的重要模式，是创新扩散的重要前沿阵地，发展县域经济是解决"三农问题"和促进地方经济发展的重要途径。此方面从第九章政府补贴对中小企业创新能力的影响；第十章高新区创新驱动战略中的政府行为；第十一章县域经济发展中的政府行为及其经济效果分析，分析了我国产业发展中的政府行为及其经济效果，并分别以武汉东湖高新区、湖北省蕲春县"医药兴县"战略效果为例进行了案例剖析。

目录

第一章

经济周期与技术创新

一、经济周期特点

在世界经济复杂且金融市场不稳定的背景下，中国经济也会受到影响，新常态下的经济将维持"公平—效率"的关系，且实现制造业从粗放增长到集约增长的升级是个艰难的过程。由于经济波动明显，GDP 增长率持续下降中出现部分地区 GDP 的下滑，这使宏观经济面临巨大的挑战，企业作为经济发展的主体应承担重大的责任。

投资作为 GDP 的重要组成部分，与经济波动有着密切的联系。经济波动对投资行为的影响有多条路径，理论界没有形成一致的结论。宏观经济波动使得企业的投资规模、效率和资源分配受到不同程度的影响（Beaudry et al.，2001），也会通过外部需求，流动性资金需求，长期资金需求对企业投资行为产生重大的作用（王义中，2014）。宏观经济的增长，促使投资一般偏向于资本性项目与基础设施（陆铭，欧海军，2011），企业从而积极扩大投资规模（Yoon，Ratti，2011），然而在经济发展繁荣的阶段，资本性投资不能完全满足高质量的生产要求，企业通过增加技术能力投资，扩大研发规模来提高经济能力（Aghion et al.，2007）。从微观经济波动角度来看，经济发展水平，生产总值增长率对企业固定资产投资（Justiniano et al.，2011），权证投资（Daniele，2011），技术投资，无形资产投资等在区域与产权上会产生明显的差异（郝颖，辛清泉，刘星，2014）。

传统经济理论认为，技术创新是经济增长的重要动力，经济具有周期性，在经济循环过程中，企业研发将起着重要的作用（蔡永英，2009）。经济进入新常态后，逐渐从要素驱动、投资驱动转向创新驱动，用技术创新取代技术模仿，提高我国技术创新能力成为国家重要战略，创新对企业保持竞争力与长远发展中起着重要推动作用（卫兴华，2013）。宏观经济学中关于技术创新和技术进步对经济增长的影响有很多讨论，但对于经济周期的研究尚没有一个具体的诠释。

经济波动对投资规模、创新投入是否有相同的效应？宏观的经济波动与微观的经济波动是否对两者影响程度一致？经济发展程度不同的区域是否作用也相同？本章针对以上的问题，作进一步探讨。

二、经济波动与投资行为

现代经济波动理论建立在"冲击—传导机制"分析框架上，经济繁荣与衰退之间存在互保关系，所以经济波动是宏观经济运行中繁荣与衰退交迭出现的周期性现象。熊彼得理论模型发现，经济存在循环周期的状态，经济波动会对经济长期的增长起着积极的作用。现在宏观经济学普遍认为，经济周期最突出的表现是实际 GDP 对潜在 GDP 呈现出偏离。20 世纪 80 年代后期经济白热化时期前后企业投资行为的变化错综复杂，当经济处于紧缩时期，企业会出现大幅度缩减投资规模的现象，企业的投资行为都会受到宏观经济环境、经济增长速度和货币供给量的影响（Altman，1983）。在经济增长过程中出现经济波动，经济波动的出现引起政府干预，导致过度投资。在政府干预下，经济周期运行至谷底，基于货币与财政杠杆下的过度投资，表现为投资结构不合理和投资效率低下的投资规模扩张（陈德胜，2012）。经济波动会引起企业财富变化，通过财富变化来影响企业的投资规模（陈乐一，邓佳燕，2016）。经济波动也会影响金融发展，金融发展与投资效率呈负相关关系，使得宏观经济波动对企业的投资效率产生一定的影响（王宇鹏，赵庆明，2015）。

　　经济周期对企业的投资行为存在一定影响，在经济周期的不同阶段，投资与经济增长的相关性存在显著差异（郑元慕，2012）。加速原理认为，经济出现繁荣时，收入的增加会刺激需求的增长，企业会加速资产投资来满足需求的增长（闫甜，2012）。企业投资和经济周期阶段呈现的规律可以发现经济波动的主要原因包括固定资产投资的大幅度波动，经济处于衰退阶段时，固定资产投资比较少，而经济处于繁荣阶段时，固定资产投资比较多（廖媛，2010），存货投资与宏观经济波动也总是同方向运动（王珂英，张鸿武，2012）。由于经济规模增长与工业化进程存在同步性（Krutilla，Maddison，2009），随着经济的增长对于资本投入的要求也更高，过度的资本投入会使得工业化特别高的阶级丧失弹性，引起经济的下滑。在资源比较稀缺的地区，经济增长与固定资产以及其他长期资产等资本性投资负相关（郝颖，辛清泉，刘星，2014）。

三、经济波动与技术创新

以熊彼特（1983）为首的创新周期理论认为，经济波动是由于聚集的创新活动引发新兴产业群的出现和产业投资浪潮。当经济发展到一定的阶段，主要是由新技术产生一部分的产业来推动，劳动力成本明显上升，利润下降，经济收缩下降，此时需要加大研发投入来摆脱经济萧条，使得经济得以平稳发展（Freeman）。经济衰退进行技术创新成本低，衰退期更有利于进行创新（Gadibar，levy）。在经济走向最后一个阶段的时候，谨慎和规避风险会使得企业的发展变得停滞，企业要想得到新的发展，必须出现新的产业部门，这就逼迫企业不得不加大研发投入（吴晓波，张超群，2011）。考虑到产权性质，国有上市公司一般更容易得到融资，以弥补企业研发资金的短缺，增强创新水平（贾明琪，严燕，辛江龙，2015），因此经济增长与技术创新存在一定负相关关系（唐未兵，傅元海，王展翔，2014）。

也有学者认为创新活动具有顺周期性（Griliches，Geroski，Walters，1990；1995），经济衰退期间公司现金流会减少，研发资金也会随之减少，这限制了企业进行研发的能力，所以繁荣期有利于技术创新（Mattew，Mark，2004）。企业研发活动的长期性与不对称性会受到外部融资约束，进而转向内部融资，顺周期变化的内外部融资使得研发在扩张期更容易获得融资，使得研发顺周期变化（程惠芳，2015）。也有研究发现（Giedeman，2006，

Neil, 2010）由于行业之间存在异质性，并非每个行业都存在这样的顺周期特点。

已有多项研究关注经济波动与投资行为各种方面之间的关系，大部分都是宏观层次研究经济波动与投资之间的关系，微观层面研究比较少。本书将同时结合各个地区经济发展状况与资本投资，研发投入之间的联系，从宏观和微观两个角度对两者关系进行探讨。

四、实证分析

（一）理论分析与研究假设的提出

凯恩斯经济波动理论认为，经济会呈现周期性循环波动规律，随着经济波动将出现繁荣—衰退—萧条—复苏四个阶段。经济周期运行阶段不同，影响企业投资回报率，市场需求也会产生变化，企业投资随之受到影响。当经济呈现繁荣后期阶段，企业利润下降，对于投资行为更加谨慎，而外部需求增加更加抑制企业的投资行为；当企业连续亏损的时候，出现供给不足引起危机，经济出现衰退，投资更加不足；到经济萧条阶段，利率降低，价格开始回落，企业出现盈利，进一步扩大生产，利润增加，经济开始复苏，企业开始扩大投资。经济处于繁荣时期，企业生产力显著提高，利润达到最大化，企业需要进行投资使得资源达到最大化，进一步服务于生产。基于以上分析，本书提出以下假设：

假设 1：经济状况越好，企业投资规模越大。

熊彼得的经济增长理论认为，经济波动对企业长期经济增长起着积极作用，而企业的研发有效提高全要素生产率，也对企业的长期发展产生重大的影响（Griliches，1986）。根据内生增长理论，技术进步会使企业摆脱递减报酬的束缚，推动经济的进一步发展。经济波动与研发投资大致有两种效应，一种是"现金流效应"，技术内生理论认为技术是来源于经济系统内部的，当经济处于繁荣时期，企业的销售规模与可盈利性变化，市场需求高，企业具有足够的现金流，这样会刺激企业的研发投入。创新手段的推行，必须支付高昂的代价，所以在经济衰退的时期，企业没有足够的现金流进行支撑，就通过减少研发支出来缓解负担。另一种是"机会成本效应"。在经济处于萧条时期，研发投入的机会成本较低，这样企业应该加大研发投入，使得进入经济周期的下一轮复苏。在经济状况不是很好的情况下，需求对环境影响比较大，企业需要通过技术创新来寻求新的利润增长点，这时候研发投入的成本较低，所以促进企业更好的进行研发。基于以上分析，本书提出以下假设：

假设 2：经济状况越好，企业对创新的投入越弱。

（二）变量设计、模型与数据描述

1. 指标选取

被解释变量：本书以企业的投资行为作为被解释变量。本书所包括的投资是指与公司目前所发生的经济活动相关的投资行为，主要是购建固定资产及其他长期资产的资本性投资支出，即投资规模，以购建固定资产及其他长期资产所支付的现金与期初资产总额之比来衡量企业的投资行为。企业创新行为是企业投资行为的一种形式，本书选取研发费用占营业收入的比率来作为衡量企业创新的指标。

解释变量：本书以经济波动作为解释变量。在对经济周期波动与投资行为之间关系进行研究时，国内学者大多采用国内生产总值年增长率来衡量经济周期的变动。本书研究宏观经济波动用各省份的 GDP 增长率，对于微观波动则通过企业收入增长率来进行研究。

控制变量：从以往的研究中可以看出，企业的投资决策还受到多个因素的影响。为了得到更好的研究效果，书中设置了多个控制变量。企业盈利能力选用净资产收益率，指标值越高，说明企业投资带来的效益越高，且对技术创新的投入更有保证；企业规模，本书以企业当年的资产总额的自然对数来表示企业规模。一般来说，企业规模增大，企业的投资规模也会随着增大；资产负债率，该指标主要用来衡量企业的长期偿债能力，可作为一项企业资本结构的代理变量；同时增加区域作为虚拟变量，东部地区为 1，中西部地区为 0。

相关变量如表 1－1 所示。

表 1－1　　　　　　　　　相关变量定义

变量	简称	定义
投资规模	INV	购建固定资产及其他长期资产所支付的现金/期初资产总额
研发强度	RD	研发费用/营业收入

变量	简称	定义
宏观经济波动	Economic	(本期 GDP – 上期 GDP)/上期 GDP × 100%
企业成长性	Growth	(本期营业收入 – 上期营业收入)/上期营业收入
盈利能力	Roe	净利润/净资产
企业规模	Size	公司资产总额的自然对数
资产负债率	Lev	本期负债总额/本期总资产
地区	Area	虚拟变量，东部地区为1，其他地区为0

2. 模型

为检验经济周期波动对企业创新行为及投资规模的影响，本书建立了以投资规模为被解释变量的模型1，还建立了以研发费用占总资产比率为被解释变量的回归模型2，分别如下：

模型1：$INV = \beta_0 + \beta_1 Economic + \beta_2 Growth + \beta_3 Roe + \beta_4 Size + \beta_5 Lev + \beta_6 Area + \varepsilon$

模型2：$RD = \beta_0 + \beta_1 Economic + \beta_2 Growth + \beta_3 Roe + \beta_4 Size + \beta_5 Lev + \beta_6 Area + \varepsilon$

3. 数据描述

本书以我国 A 股上市公司制造业作为初始样本，选取了 2010～2015 年的数据，对获取的初始样本进行了筛选，剔除资产负债率大于 1 的企业、某些财务数据缺失的企业以及 ST 公司，最终得到 7362 个样本量。本书所用数据均来源于同花顺数据库和中国统计年鉴。

(三) 结果分析

1. 描述性统计

通过表 1 - 2，我们对数据进行了描述性统计，发现制造业 R&D 投入强度均值为 4.07%，整体研发处于较高的水平；企业投资规模均值为 9.15%，整体水平适中，但是两极差异比较大；地区生产总值 GDP 增长率指数均值为 0.012，极大值 0.2713，极小值 0.0076，说明了省级数据之间的经济发展存在一定的差异性。企业收入增长率均值 0.2137，极大值 43.6070，极小值 -0.7909，说明了企业收入波动差异也较大。

表 1 - 2　　　　　　　　描述性统计

变量	样本量（个）	均值	标准差	极小值	极大值
INV	7362	0.0915	0.1148	0.00007	4.5586
RD	7362	0.0407	0.0433	0.00030	1.6943
Economic	7362	0.0012	0.0053	0.00760	0.2713
Growth	7362	0.2137	0.7623	-0.79090	43.6070
Roe	7362	0.0946	0.1020	-1.9360	1.4510
Lev	7362	0.3780	0.1989	0.00750	0.9924
Size	7362	21.5923	1.1482	18.30100	26.9690

2. 相关性分析

为了检验变量之间的相互关系，我们进行了相关性分析，结果如表 1 - 3 所示。从表 1 - 3 可以看出，宏观经济波动与投资规模、研发强度存在相关关系，企业收入增长率与投资规模、研发强度也存在一定的相关关系。从控制变量的角度来观察，各控制变量与企业投资规模的关系很显著，与研发强度的关系也很显著。同时可以看到，各变量之间不存在较大的多重共线性。

表 1 - 3　　　　　　　　　相关性分析

	INV	RD	Economic	Growth	Roe	Lev	Size
INV	1						
RD	− 0. 008	1					
Economic	0. 178 **	− 0. 113 **	1				
Growth	0. 341 **	− 0. 038 **	0. 123 **	1			
Roe	0. 216 **	− 0. 036 **	0. 254 **	0. 205 **	1		
Lev	− 0. 097 **	− 0. 168 **	− 0. 186 **	0. 006	− 0. 166 **	1	
Size	− 0. 044 **	− 0. 245 **	0. 043 **	0. 051 **	0. 112 **	0. 486 **	1

注：上标 ** 代表 0. 01 的显著性水平。

3. 回归分析

从表 1 - 4 来看，模型 1 中生产总值 GDP 增长率与投资规模显著正相关（$\beta = 0. 002$，$p < 0. 05$），而收入增长率与投资规模显著正相关（$\beta = 0. 046$，$p < 0. 05$），与假设 1 相符；模型 2 中生产总值 GDP 增长率与研发强度显著负相关（$\beta = − 0. 908$，$p < 0. 05$），收入增长率与研发强度负相关（$\beta = − 0. 263$，$p > 0. 05$）但是不显著。由于地区之间经济发展存在差异，分区域观察发现，各区域投资规模顺周期变化，经济波动对于东部地区的影响稍小于中西部地区。宏观 GDP 的增长对研发投入存在显著负相关关系，东部地区影响略大于中西部地区，企业的经济波动对研发强度的影响在区域之间变化较为明显，对于东部地区企业收入增长与研发强度呈负相关关系，但不显著；而在中西部地区企业收入与研发投入则呈正相关相关，结果也不显著。

表 1 - 4　　　　　　　　回归分析

变量	模型 1			模型 2		
	全国	东部地区	中西部地区	全国	东部地区	中西部地区
常数	0.152 *** (5.642)	0.187 *** (5.944)	− 0.001 (− 0.023)	1.51 *** (14.250)	1.56 *** (14.793)	1.394 *** (4.582)
Economic	0.002 *** (9.047)	0.002 *** (6.809)	0.003 *** (7.650)	− 0.908 *** (− 9.350)	− 1.008 *** (− 9.894)	− 0.887 ** (− 3.453)
Growth	0.046 *** (27.781)	0.097 *** (− 35.656)	0.16 *** (9.783)	− 2.263 (− 0.402)	− 0.56 (− 0.614)	0.026 (0.023)
Roe	0.101 *** (10.157)	0.06 *** (5.105)	0.78 *** (4.999)	− 14.905 *** (3.814)	− 2.994 (− 0.753)	− 42.64 *** (− 3.899)
Size	− 0.005 *** (− 3.712)	0.006 *** (− 4.386)	0.020 (1.180)	− 3.796 *** (− 7.614)	− 4.013 *** (− 8.132)	− 3.038 * (− 2.128)
Lev	− 0.016 * (− 2.229)	− 0.012 (− 1.495)	− 0.043 *** (− 3.569)	− 42.664 *** (− 15.058)	− 44.972 *** (− 16.090)	44.035 *** (− 5.164)
F	266.88	349.55	52.808	126.507	137.97	15.619
调整后的 R^2	0.153	0.231	0.142	0.079	0.106	0.045
obs	7362	7362	7362	7362	7362	7362

注：（ ）中为 p 值，上标 ***、**、* 分别代表 0.01、0.05、0.1 的显著性水平，以下全书同。

（四）稳健性检验

根据研究需要，本章通过改变核心变量指标对投资规模、研发强度的结果进行了稳健性检验。本章根据杨继东等学者（杨继东，2015）的研究，微观企业层面的经济波动可选用收入、利润、就业人数来衡量，因此本书选取 A 股制造业 2010～2015 年员工人数增长率替代收入增长率，用省际收入增长率代替省际生产总值增长率，结果如表 1－5 所示。

表 1－5 　　　　　　　　回归分析

变量	模型 1	模型 2
常数	0. 185 *** (5. 803)	0. 138 *** (4. 312)
Economic	0. 114 *** (4. 458)	− 0. 044 *** (− 5. 039)
Employment	0. 036 *** (11. 580)	− 0. 002 (− 0. 828)
Roe	0. 067 *** (4. 179)	− 0. 047 *** (− 4. 089)
Lev	− 0. 045 *** (− 3. 643)	− 0. 046 *** (− 5. 151)
Size	0. 004 * (1. 917)	− 0. 003 * (− 1. 876)
F	61. 589	133. 698
Adj − R^2	0. 166	0. 080
obs	7362	7362

从结果可以看出模型 1 省际收入增长率与投资规模显著正相关（$\beta = 0.114$，$p < 0.05$），且员工增长率与投资规模显著正相关（$\beta = 0.036$，$p < 0.05$）；模型 2 中省际收入增长率与研发强度显著负相关（$\beta = -0.044$，$p < 0.05$），员工增长率与研发强度负相关（$\beta = -0.002$，$p > 0.05$）但是不显著。与利用企业收入增长率与省际 GDP 增长率对两者的影响结果相比，变化不大，再次证实数据结果稳健可靠。

五、本章小结

本书主要研究经济波动对企业投资行为的影响，基于 2010 ~ 2015 年我国 A 股上市公司制造业的数据研究发现，经济波动从宏观与微观角度对投资规模、研发强度皆产生重要影响。经济状况越好，企业的投资规模、技术创新强度却越弱。进一步分区域研究发现，经济波动对于企业投资规模没有十分明显差异，对企业技术创新存在一定的区别。东部地区经济状况与技术创新呈正相关相关，中西部地区经济状况与技术创新呈负相关关系，结果均不显著。

投资结构不合理与投资规模不当一直以来都是棘手的问题，宏观与微观经济的发展对企业资本性投资带来了很大的影响，在新经济环境下要走省投资 – 高效率路线，合理利用资金，保证企业经济效益。在经济快速增长阶段，企业需要提升基础设施、项目建设，合理规划，防止重复投资与过度投资，加强利用效率，抑制投资过热。

我国正在从"粗放型"向"集约型"转变，加大研发是重要的途径。经济变化对企业研发强度影响很大，适当的财政与货币政策可以减少经济波动给研发投入带来的变动，有利于企业进行研发。经济紧缩会使企业融资约束强度变大。针对不同的时期应该制定不同的创新政策，并采用有力的税收优惠等提供激励，加大科技经费补助力度。企业也应积极拓宽研发融资渠道，缓解研发融资约束问题。

对于 GDP 与企业增长率对投资行为的影响不能采取"一刀切"的方式。从地区而言，在经济快速发展阶段，对于东部地区投资过度的行为要加以抑制，对于西部创新不足的地区应采取有效的鼓励措施，放宽投资限制，加大政府补助。

参考文献：

［1］P. Beaudry, M. Caglayan, F. Schiantarelli. Monetary Instability, the Predictability of Prices and the Allocation of Investment: An Empirical Investigation Using UK Panel Data. American Economic Review, 2011 (91).

［2］王义中，宋敏. 宏观经济不确定性、资金需求与公司投资［J］. 经济研究，2014（2）.

［3］陆铭，欧海军. 高增长与低就业：政府干预与就业弹性的经验研究［J］. 世界经济，2011（12）.

［4］Aghion, Philippe, Peter Howitt. Capital, Innovation, and Growth Accounting. Oxford Review of Economic Policy, 2007 (23).

［5］Justiniano, Alejandro, Gorgio E. Primiceri, Andrea Tambalotti. Investment Shocks and the Relative Price of Investment. Review of Economic Dynamics, 2011 (14).

［6］Daniele, Vittoria. Natural Resources and the 'Quality' of

Economic Development. Journal of Development Studies, 2011 (47).

[7] 郝颖，辛清泉，刘星. 地区差异、企业投资与经济增长质量 [J]. 经济研究，2014 (3).

[8] 卫兴华，侯为民. 中国经济增长方式的选择与转换途径 [J]. 经济研究，2007 (7).

[9] Goyal D, Yamada C, E. l. The real effects of financial constrains: evidence from a financial crisis [J]. Journal of Financial Economics, 2004 (67).

[10] Altman, E l. Multidimensional graphics and bankruptcy prediction: a comment [J]. Journal of Banking and Finance, 1983 (20).

[11] 蔡永英. 技术创新与经济周期 [J]. 杭州电子科技大学学报（社会科学版），2009 (3).

[12] 陈德胜，宿媛媛，陈炜. 投资规模对经济周期的作用 [J]. 银行家，2012 (9).

[13] 陈乐一，邓佳燕，杨云. 不确定性、产业空心化与经济波动 [J]. 财经理论与实践，2016 (1).

[14] 王宇鹏，赵庆明. 金融发展与宏观经济波动——来自世界214个国家的经验证据 [J]. 国际金融研究，2015 (2).

[15] 郑元慕. 经济周期、现金持有与公司投资行为 [D]. 南京：南京人学，2012.

[16] 贾明琪，严燕，辛江龙. 经济周期、行业周期性与企业技术创新——基于上市公司经验数据 [J]. 商业研究，2015 (9).

[17] Kerry, Krutilla. Economic Growth, Resource Availability, and Environmental Quality. American Economic Review, 1984 (74).

［18］廖媛. 固定资产投资与中国经济周期波动关系的实证研究［D］. 上海：复旦大学，2010.

［19］闫甜. 我国固定资产投资与经济周期的关联性新探［J］. 经济研究，2013（23）.

［20］王珂英，张鸿武. 我国存货投资与宏观经济波动相关性的分析［J］. 企业经济，2012（4）.

［21］吴晓波，张超群. 我国转型经济中技术创新与经济周期关系研究［J］. 科研管理，2011（32）.

［22］唐未兵，傅元海，王展祥. 技术创新、技术引进与经济增长方式转变［J］. 经济研究，2014（7）.

［23］Barlevy G. On the Timing of Innovation in Stochastic Schumpeterian Growth Models［J］. NBER Working Paper 10741，2004（15）.

［24］Fatas A. Do Business Cycles Cast Long Shadows? Short – Run Persistence and Economic Growth［J］. Journal of Economic Growth，2000（5）.

［25］Giedeman D. C. , Isely. Innovation and the Business Cycle：A Conparison of the U. S. Semiconductor and Automobile Industries［J］. International Advances in Economic Research，2006（12）.

［26］Griliches Z. Patent Statistics as Economic Indicators：A Survey［J］. Economic Literature Journal of Economic Literature，1990（28）.

［27］Levy R，Analysis Hennessy RW. Management Ownership and Market Valuation：An Empirical Analysis［J］. Journal of Financial Economics，2007（20）.

［28］Matthew Rafferty，Mark Funk. Demand Shocks and Firm –

Financed R&D Expenditures ［J］. Applied Economic，2004（36）.

［29］Ran Duchin，Oguzhan Ozbas，Berk A. Sensoy. Costly external finance，corporate investment，and the subprime mortgage credit crisis［J］. Journal of Financial Economics，2010（9）.

［30］杨继东，刘诚. 企业微观波动及其对宏观政策的含义——以中国上市公司为例［J］. 经济理论与经济管理，2015（3）.

第二章

知识产权保护与技术创新关系透视

技术创新过程中知识产权保护的角色不可替代，但知识产权保护与技术创新间的关系还没有得出一致的结论。一方面，知识产权保护能保障收益，促使企业加快进行技术创新；另一方面，知识产权保护也能使企业更加依赖于专利等的保护，乏于创新，从而降低企业的技术创新的积极性。本章以纺织行业为例，研究发现知识产权保护与技术创新能力呈倒 U 形关系，地区经济发展水平以及纺织行业在地区经济中的地位更能决定其技术创新能力。研究也发现，地方市场开放度以及政府的赤字水平对纺织业技术创新存在明显的负相关。研究结论希望能够引导政府进一步规范知识产权保护制度，提高产业创新能力，为我国实施创新驱动策略、建设创新国家提供政策建议与参考。

一、引　言

发达国家和跨国公司利用严格的知识产权保护这个游戏规则，凭借成熟的知识产权竞争经验对我国经济和企业发展构成了现实的和潜在的威胁。以美国 1972 年开始发起的"337 调查"为例，中国自 1986 年第一次被"337"立案调查，截至 2010 年底，累计涉案 133 起（余乐芬，2011），一些 337 调查案的原告方甚至刻意选择那些可能不愿应诉的小企业作为列名被告，以侵犯其核心知识产权为由，向美国国际贸易委员会（ITC）寻求普遍排除令的保护，从而直接打击我国整个行业的利益，有些行业甚至不得不退出美国市场。

在这种背景下，2008 年我国颁布《国家知识产权战略纲要》以集中多个政府部门的力量，运用立法、司法、行政等手段，应对发达国家知识产权战略的围攻，提高我国企业运用知识产权制度的能力。研究表明，知识产权保护制度是一柄双刃剑，一方面，知识产权保护制度使技术创新的外溢性内部化，有力地刺激了技术创新的发展；另一方面，知识产权保护制度不利于知识分享，在一定程度上阻碍了技术创新的进一步发展。因此，利用好这柄双刃剑，应对国外越来越强的知识产权保护措施，有效保护国内自主知识产权是中央与地方政府都迫切面临的问题。我国目前的知识产权立法水平已接近西方发达国家水平，但由于执法强度不足，致使最终的知识产权保护强度与效果大打折扣。

技术创新是现代企业取得竞争优势、提高市场地位、提升盈利能力的重要策略，也是一国实现经济发展，提高综合国力的重要战略，因而日益受到理论界和实务界的普遍重视。由于技术创新成果具有公共产品特性，"搭便车"行为一方面会促使激发等待者的等待动机，从而抑制等待企业创新的积极性；另一方面也会降低技术创新者的积极性。发达国家的经验表明，知识产权保护是影响 R&D 投资决策、促进技术创新的重要因素。知识产权保护力度不够，造成假冒伪劣产品横行，而这也是造成我国国内许多企业创新动力不足、创新能力低下的重要原因之一。而知识产权保护过度，同样也会阻碍创新的发展。

本章将以我国纺织行业为例，实证检验知识产权保护与技术创新的关系。纺织业是我国的传统工业，也是国民经济发展的重要支柱产业之一。我国虽然是纺织大国，但并非纺织强国。早期的纺织业主要是建立在资源比较优势基础上，最明显的就是成本优势。随着全球金融危机带来的人民币升值、通货膨胀的加剧，原材料价格的上涨和劳动力成本的提高等，传统成本优势受到巨大的冲击，只有依靠技术创新才能实现我国纺织企业的振兴与发展。但是，我国纺织行业自主创新能力匮乏，严重影响了其核心竞争力，整体上对知识产权的认识也偏低，且存在明显的品牌缺失问题。

二、知识产权保护的发展及其研究进程

国外对知识产权保护的研究最初都是基于法学领域的研究，20 世纪 90 年代，随着知识经济的发展，企业及研究机构开始意识到知识产权及其保护的重要性。但即便如此，那一时期的研究也基本上都是从知识产权保护的宏观视角探讨其影响。知识产权保护的主要目的是鼓励知识创新、增加知识存量，促进经济的增长和社会福利水平的提高。创新者关注的是创新技术所带来的预期利润，如果利润得不到保障，他们就会缺乏创新的激励，减少知识创新水平。知识产权保护通过提高模仿的成本，允许知识产权所有者的垄断性行为，增加创新收益。但是，这种垄断行为也可能对知识的传播造成限制，对经济增长产生不利影响。知识产

权保护对技术创新和扩散的潜在的收益和损失依赖市场结构和相关法律政策的实施效率，特别是竞争政策和技术发展政策，因此知识产权保护政策需要在这两者之间找到平衡点。

随着经济全球化的发展以及跨国集团在全球的大规模扩张，研究逐渐转向全球视角，研究知识产权保护在国家贸易和外商直接投资（FDI）中的作用，比较不同知识产权保护强度下，国家的经济增长问题。东道国政府提供适度且有效率的知识产权保护政策，可以增加 FDI 的流入量和引进较为先进的技术。知识产权保护制度比较健全的国家，其经济增长一般比那些保护制度不完善的国家更高。知识产权制度是影响企业是否在其他国家，特别是发展中国家进行销售或育种研发投资的重要因素。

我国学者也在这一时期开始关注知识产权保护对我国经济的影响，对知识产权进行经济学分析，研究知识产权保护对领导国和跟随国经济增长的影响，研究促进我国自主创新的知识产权管理策略，自主知识产权与国家知识产权战略，后发国家知识产权保护问题，我国农业知识产权保护问题等，特别是关注不同强度知识产权保护制度下对经济发展的影响以及我国适用于更强还是更弱的知识产权保护制度。如韩玉雄、李怀祖（2004）发现加强跟随国知识产权保护力度对领导国经济和跟随国经济都会产生负面影响。由于各国 R&D 水平和经济发展程度的不同，不存在一个全世界通用的知识产权保护制度，短时期内更短的专利期限和更弱的知识产权保护可能更适宜发展中国家。中国现阶段较弱的知识产权保护制度有利于促进以模仿为主的技术进步。有提议认为应建立一个创新型与模仿型企业共生存的知识产权保护制度。但是也有研究等发现我国大部分地区已经跨越了知识产权保护水平的门槛值，加强知识产权保护不会阻碍技术创新，相反能够显著促进技术创新。

并且，这一时期更为关注知识产权保护带来的副效应。如李平等（2007）发现加入世界贸易组织后，我国公众申请专利的意愿更加强烈，但是研发投入的积极性却由于知识产权保护的增强而减少了。高金旺（2007）认为保护的加强并不导致创新活动的增加，相反，它可能抑制创新。专利保护尤为明显，由此产生的法定垄断从原创发明扩散、官司诉讼、研究工具与材料的公地悲剧等方面阻碍进一步的技术创新；专利的自我垄断效应从巨额前期投入、学习效应、协同效应、技术关联、消费者行为强化等诸方面阻碍进一步的技术创新；此外，保护规则的不当利用又加剧了技术创新困境。

进入 21 世纪以来，越来越多的研究重心转移到由知识产权保护引起的企业行为变迁上。诸多实证研究文献表明，大企业，尤其是跨国集团与中小企业在知识产权申请意愿、知识产权持有、使用数量、知识产权侵权处理上出现不同的行为方式。中小企业所有者并不认为专利制度能够更为有效地保护其创新收益。申请专利的耗时耗钱，专利制度的低效率以及中小企业的信息贫乏，专利制度的复杂性，中小企业对其提供的机会意识不足，中小企业更愿意采用非正规手段来保护其知识产权，因为这些手段更为熟悉，更为便宜，耗时更少，而且一般认为技术秘密可以起到与专利制度同等的保护效果。即使中小企业采取了专利保护，也因缺乏财务资源无法避免其专利免受侵权或者不愿对侵权行为提起诉讼。但是，若以雇员人数来衡量，则小企业拥有的专利数量高于大企业，在创新潜力已知的情况下，中小企业的知识产权使用数量要高于大企业。

基于以上的国内外文献的分析，我们发现，知识产权保护与技术创新之间存在什么样的关系，企业规模是否影响技术创新投入与产出，研究至今还未有定论。因此，本书将以纺织行业和纺织上市公司为样本对此进行实证检验。由于纺织行业的专利申请量是个可观测的变量，而研发投入数据很难全面统计，又由于纺织类专利申请量既来源于企业，也来源于学校和研发机构，在我国提出确立企业为创新主题的前提下，我们以可观测到的纺织上市公司的研发投入数据为样本来检验知识产权保护与创新投入的关系。

三、知识产权保护与技术创新关系

国内外学者对知识产权保护与技术创新关系做了广泛研究。但由于研究范围、研究层次和方法的不同，得出的结论也没有统一。

（一）知识产权保护促进技术创新

尽管技术创新成果的外溢性和"搭便车"行为会降低创新企业的积极性，但知识产权保护使得技术创新者享有对知识产权暂时的独占权，技术上的垄断允许他们定制的相关产品的价格高于其边际成本，从而获取合法的高额垄断利润，有利于补偿其初始的高额 R&D 投入，收回投资成本。因此，知识产权保护制度能够弥补市场失灵的不足，增强私有企业进行 R&D 创新的动力。也有学者（Gaisford 等，2001）认为垄断虽然会减缓技术创新的扩散，导致受保护产品的供不应求，但为了加强发明与创造新知识，垄断带来的扭曲成本通常被认为是可以接受的。

实证研究大多也显示知识产权保护能够促进技术创新。从国家层面，有学者（Evenson，2003）运用知识产权保护指数从两阶段的面板数据模型研究了 32 个国家的数据，结果发现知识产权保护能够显著的正向影响研发投资，加强知识产权保护能够激励技术创新。大多数发展中国家的技术创新能力比较低，技术的进步依赖于发达国家新技术和新知识的供给，因而有些学者区分发达国家与发展国家来研究知识产权保护对技术创新的影响。利用 GP 指数对 1980~1995 年 41 个国家进行研究（Park，2005），结果表明更严格的知识产权保护对于推进全球的技术创新有积极的作用；但若区分发达国家和发展中国家来研究，将得到不同结论。运用动态 GMM 方法对发达国家的研究结果发现，知识产权保护水平和研发制度质量与技术创新的关系显著正相关（Lederman，Maloney，2003）。众多研究发现（Chen，2005，Parello，2008），知识产权保护能够激励发展中国家的技术创新。

国内相关学者基于我国这一发展中国家国情来研究也得出了相同的结论，解维敏、唐清泉（2008）选择了我国证券市场2003~2005 年的上市公司为研究样本，研究结果表明在我国当前知识产权保护制度还不完善的情况下，提高知识产权保护水平有利于改进企业的创新激励。胡凯、吴清（2012）采用系统广义矩估计和门槛回归方法进行研究。结果表明，加强知识产权保护对技术创新具有积极的促进作用；我国大部分地区已经超出了知识产权保护水平的门槛值，加强知识产权保护对技术创新不会有阻碍作用。由于知识产权的累积性，有些学者又探讨了知识产权保护的滞后性对于技术创新的影响，如刘和东（2009）研究发现在滞后一年时，企业知识产权保护强度的扩大，能够促进企业提高技术创新能力；而滞后两年、三年，企业知识产权保护与技术创新能力之间的因果关系却不是很明显。

（二）　加强知识产权保护不利于技术创新

技术创新能力的高低依赖于过去研发绩效或经济发展水平，如果本土的技术创新能力或经济发展水平低下，将会限制知识产权保护对发展中国家的技术创新的激励效应，一些理论研究表明加强知识产权保护（用生产补贴代替）导致全球技术创新率下降。在实证研究中也得出了类似的结论，许多研究都表明识产权保护与发展中国家的技术创新是负相关的关系。贺贵才、于永达（2011）也探讨了发展中国家的知识产权保护与本国行业技术创新的关系，发现当与发达国家技术差距较小时，对内部技术差异大的本国行业来说，加强知识产权保护能够抑制技术创新。

（三）　知识产权保护与技术创新存在非线性关系

上述学者研究是基于线性关系角度探讨知识产权保护对于技术创新的影响。而与这些研究截然不同的是另外一些学者试图从非线性视角来研究（Markus，2000），研究就表明知识产权保护与技术创新间的关系可能是非线性关系。尽管知识产权的"专属效应"有利于激励技术创新，但过强的知识产权保护使得北方国家会减缓创新，而更加依赖于专利保护，同时南方国家的学习成本也相对增加了，因此过高的知识产权保护会对技术创新产生不利影响。进一步地，有学者（Zweimuller，2004）基于知识产权保护广度的视角，提出了知识产权保护与技术创新间可能是倒 U 形关系的假说，其他一些研究也证实了这种倒 U 形关系的存在。

我国相关学者的研究也得出知识产权保护对技术创新的影响存在一个"最优值"的结论。庄子银（2009）研究发现，知识产权保护对技术创新的激励有一个最优门槛，对于发展中国家而言，知识产权制度的完善对于技术创新的激励效应呈现出明显的非线性门槛特征。王华（2011）的研究也表明当知识产权的保护力度超过最优值后，更严厉的知识产权保护会阻碍技术的良性传播，导致重复的创新努力与投资，不利于技术创新的提高。还有的学者发现只有适度的知识产权保护才能有效促进区域技术创新投入的增加，宽松和严格的知识产权政策都难以激励技术创新水平的提高，如史安娜，张慧君（2012）。

非线性关系研究表明，技术创新过程中需要知识产权的保护与激励，但过度保护与保护不足都会阻碍其技术创新，因此对于知识产权应该进行适度的保护。一方面，知识产权保护力度不能过高，以至于专利所有者拥有强大的垄断势力，导致市场扭曲以及资源配置失衡，同时知识产权保护过高，市场上相关知识产权产品的价格就会上涨，知识产品的传播受阻，创新成本将相应增加，创新的速度也将减缓。另一方面，知识产权保护力度也不能太低，如果知识产权保护不足，技术创新者的创新动力会随其创新成果的增加而逐渐降低；所以对知识产权保护进行适度保护，保障知识"专属性"和创新回报，促使研发者有动力进行技术创新。

（四） 知识产权保护与技术创新无关论

虽然很多研究表明知识产权对技术创新有影响，但还有另外的学者怀疑发展中国家的知识产权保护对其技术创新的影响，甚至认为加强知识产权保护对激励发展中国家的技术创新并没有起到多大作用。选取 12 个发展中国家 1982～1999 年企业面板数据为样本进行研究（Branstetter 等，2006），结果发现，知识产权保护的增强不会显著影响发展中国家企业的技术创新。其他研究（Sakakibara，2001，Cipr，2002）也证明知识产权保护与技术创新二者之间几乎没有关系；即使有，影响也很微弱（Scherer，Weisburst，1995；Bassen，Maskin，2000）。

综上所述，对于知识产权保护与技术创新的关系研究虽然很丰富，但还没有达成统一的结果。知识产权保护水平和企业的技术创新能力在不同的行业存在显著的差异，因而对于行业层面的研究是一个需要继续深入探讨的领域。而对于一度称为"夕阳产业"的纺织业，为扭转这一严峻局面急需技术创新的行业来说，研究其知识产权保护与技术创新的关系显得更加重要。

四、基于纺织业的实证分析

（一）研究设计

1. 样本的选择与数据来源

本章选取我国 2005～2009 年各省份的数据，其中因西藏数据不全予以剔除，这样共得到 30 个省份连续 5 年的数据[①]。其中

① 本书所指我国各省份均不包含我国港澳台地区数据。

纺织行业数据来源于历年《中国工业经济统计年鉴》，各省市纺织行业专利数据来源于国家知识产权局网站。其他宏观数据来源于相应年度的《中国统计年鉴》。

2. 变量的选取与说明

本章将各省份纺织行业专利申请数量作为各省份纺织行业技术创新的代理变量，自变量为知识产权保护水平，分别从知识产权保护指数、技术市场活跃程度以及专利侵权处理等三个角度进行度量。控制变量分别从纺织行业特点和各省的宏观经济特点等角度进行衡量。具体变量的选取及其计算说明如表 2 - 1 所示。

表 2 - 1　　　　　　　变量的符号及其计算方法

变量种类		变量名称	变量符号	计算方法
因变量		技术创新	Patent	各省纺织行业发明专利和实用新型专利之和
自变量	知识产权保护程度	知识产权保护指数	IPP	取自樊纲、王小鲁历年的市场指数中的知识产权保护指数
		技术市场活跃度	Trade	技术市场成交额/GDP
		侵权保护能力	Case	侵权结案数/侵权立案数
控制变量	纺织行业特点	纺织业地位	Textile	纺织工业总产值/GDP
		盈利能力	ROS	纺织行业利润总额/主营业务收入
		债务水平	Debt	纺织行业总负债/总资产
	各省份宏观经济特点	政府赤字水平	Gov	政府本级财政支出/政府本级财政收入
		开放度	Openness	各省进出口总额/各省 GDP
		经济发展水平	GDPP	各省 GDP/人口数，取自然对数

3. 模型设计

为从行业视角考察知识产权保护与技术创新的关系，本章将建立以下三个模型，分别从知识产权保护指数、技术市场活跃度以及侵权保护能力三个角度刻画各地区知识产权保护程度。为了更能反映知识产权保护环境对技术创新的影响，我们将对上述这三个变量取滞后一期进行回归。

$$Patent = \alpha + \beta_1 IPP_{(-1)} + \beta_2 Textile + \beta_3 ROS + \beta_4 Debt$$
$$+ \beta_5 GOV + \beta_6 Openness + \beta_7 GDPp + \varepsilon \quad (2-1)$$

$$Patent = \alpha + \beta_1 Trade_{(-1)} + \beta_2 Textile + \beta_3 ROS + \beta_4 Debt$$
$$+ \beta_5 GOV + \beta_6 Openness + \beta_7 GDPp + \varepsilon \quad (2-2)$$

$$Patent = \alpha + \beta_1 Case_{(-1)} + \beta_2 Textile + \beta_3 ROS + \beta_4 Debt$$
$$+ \beta_5 GOV + \beta_6 Openness + \beta_7 GDPp + \varepsilon \quad (2-3)$$

（二）以纺织行业为样本的回归结果分析与讨论

1. 描述性统计分析

表2-2报告了各变量的描述性统计情况，由于我国幅员广阔，各省份的技术创新能力、知识产权保护环境以及宏观经济环境差异很大，但是纺织行业总体盈利能力偏低，负债水平偏高。

表2-3是2005～2009年各年变量的平均值。从表2-3中可以看出，各年的专利申请量、知识产权保护指数、各省份人均GDP都处于持续上升状态，技术市场成交额占GDP的比重以及侵权结案数占立案数的比重趋势不明，时有反复。纺织行业占

GDP 比重与进出口额占 GDP 比重从 2005～2008 年都是持续上升状态，但是 2009 年都处于下滑，说明 2009 年全球金融危机对我国的进出口以及纺织行业都产生了巨大的影响。

表 2 - 2　　　　　　　　　　描述性统计

	均值	中位数	最大值	最小值	标准差
专利（个）	156. 058	49. 5	2106	1	330. 7569
知识产权保护指数	7. 3896	3. 8950	53. 5100	- 0. 0100	9. 6912
技术交易活跃度	0. 7492	0. 3821	10. 1723	0. 0171	1. 6121
侵权处理能力	1. 5230	1. 1552	13	0. 2727	1. 2991
纺织业地位	3. 8052	1. 7313	22. 3427	0. 0943	5. 0953
盈利能力	0. 0193	0. 0216	0. 1069	- 0. 0712	0. 0287
负债水平	0. 6334	0. 6162	0. 9782	0. 1134	0. 1172
政府赤字水平	2. 0549	2. 2178	5. 0190	0. 5577	0. 9000
经济发展水平（万元/人）	21002. 99	16518. 33	70452. 35	5394. 00	12821. 62
开放度	3. 7547	1. 5410	24. 4438	0. 0002	5. 2505

表 2 - 3　　　　　　　　　　各年变量的平均值

年份	2005	2006	2007	2008	2009
专利（个）	92. 2414	112. 5862	138. 9643	211. 4583	236. 7857
知识产权保护指数	4. 1824	5. 4545	7. 0379	9. 4608	11. 2918
技术交易活跃度	0. 7162	0. 6957	0. 7309	0. 8297	0. 7881
侵权处理能力	1. 1662	1. 5339	1. 7071	1. 3902	1. 8112
纺织业地位	3. 5666	3. 8151	3. 8960	4. 1633	3. 6444
盈利能力	0. 0114	0. 0180	0. 0188	0. 0224	0. 0269
负债水平	0. 6585	0. 6475	0. 6620	0. 6282	0. 5685

年份	2005	2006	2007	2008	2009
政府赤字水平	2. 0259	1. 9575	2. 0116	1. 9919	2. 2829
经济发展水平（万元/人）	15070. 28	17414. 41	20817. 51	25732. 99	26995. 52
开放度	3. 4338	3. 7249	4. 0748	4. 3333	3. 3021

2. 回归结果分析

经 Hausman 检验，我们采用面板数据下的随机效应模型回归。表 2 - 4 报告了我们采用不同的知识产权保护水平变量对模型 1、模型 2 和模型 3 分别进行回归的结果。第（2）、（4）、（6）列分别都是在第（1）、（3）、（5）列的基础上加入相应自变量的平方项。具体回归结果见表 2 - 4。

由表 2 - 4 可知，第（1）列中各省份知识产权保护指数、第（5）列中侵权处理能力与纺织行业技术创新分别在 10% 和 5% 的水平下显著正相关，第（2）和（6）列分别加入平方项后变为显著负相关，技术交易活跃度与技术创新能力也呈现了类似特征，尽管不显著。这表明，我国知识产权保护水平与纺织行业呈现倒 U 形关系，也即加强我国知识产权保护水平，将有助于推动我国纺织行业的技术创新水平，但是如果知识产权保护水平过度，则将制约我国纺织行业技术创新的进一步发展。

除了知识产权保护水平以外，对纺织行业技术创新能力影响最大的是所在地区的宏观经济环境，如处于地区经济发展水平以及纺织业在本地区经济的发展水平，这两个因素都对纺织行业技术创新能力产生显著的正面影响。

表2-4　知识产权保护与技术创新的回归分析

	模型1		模型2		模型3	
	(1)	(2)	(3)	(4)	(5)	(6)
常数项	-10.7442*** (0.0001)	-7.0508** (0.0189)	-12.7854*** (0.0000)	-12.7894*** (0.0000)	-14.1027*** (0.0000)	-16.0537*** (0.0000)
知识产权保护指数	0.0269* (0.0718)	0.1629*** (0.0041)				
知识产权保护指数^2		-0.0030** (0.0143)				
技术交易活跃度			0.0791 (0.5337)	0.0850 (0.7893)		
技术交易活跃度^2				-0.0006 (0.9834)		
侵权处理能力					0.2735** (0.0185)	0.9185*** (0.0009)
侵权处理能力^2						-0.2241*** (0.0100)
纺织业发展水平	0.1275*** (0.0009)	0.1010*** (0.0035)	0.1372*** (0.0011)	0.1373*** (0.0010)	0.1304*** (0.0014)	0.1191*** (0.0036)

续表

	模型 1		模型 2		模型 3	
	(1)	(2)	(3)	(4)	(5)	(6)
纺织业盈利能力	-7.0292** (0.0230)	-7.8404*** (0.0098)	-7.0387** (0.0248)	-7.0892** (0.0266)	-6.0858** (0.0488)	-5.8439* (0.0513)
纺织业负债水平	0.2660 (0.6705)	0.3564 (0.5647)	0.2896 (0.6472)	0.2848 (0.6525)	0.3269 (0.5923)	0.2567 (0.6644)
地区政府赤字水平	-0.5196*** (0.0043)	-0.4886*** (0.0029)	-0.5699*** (0.0022)	-0.5738*** (0.0019)	-0.4973*** (0.0093)	-0.4673** (0.0136)
地区市场开放度	-0.0749** (0.0299)	-0.0871*** (0.0051)	-0.0926** (0.0151)	-0.0927** (0.0142)	-0.0820** (0.0210)	-0.0825** (0.0192)
地区经济发展水平	1.5318*** (0.0000)	1.1067*** (0.0006)	1.7618*** (0.0000)	1.7632*** (0.0000)	1.8583*** (0.0000)	2.0224*** (0.0000)
调整的 R^2	0.4432	0.5081	0.4143	0.4134	0.4311	0.4511
F 统计量	14.0783	15.8455	12.6220	11.1324	13.2306	12.6085
D-W 值	2.1028	1.9862	2.1328	2.1127	2.1794	2.1830

地区市场开放度对纺织行业技术创新存在显著的负向影响，这和余长林等（2009）的研究一致。由于贸易自由度的加大，竞争性商品的进口可替代性造成国内纺织企业的竞争压力空前加剧，并且创新意愿降低。在国际品牌占据国内高端奢侈品市场的情况下，对内模仿与对外廉价大批量销售成为市场的普遍选择。

值得注意的是，地方政府赤字对纺织行业技术创新存在负面影响，这可能和地方政府缺乏财力打造良好的创新平台或者给创新企业提供创新支持有关。

以上我们将全国30个省份（不包含港澳台及西藏地区数据）作为一个整体进行了统计分析与回归，但是，由于我国幅员辽阔，各地自然资源禀赋以及政府差异太大，这其中尤其以东部地区与中西部地区的差异显著，因此，我们又将30个省份划分为东部地区和中西部地区进行统计分析与回归。

3. 描述性统计分析

全国总体以及东部地区和中西部地区的描述性统计见表2－5。

表2－5　　　　　　　　行业数据描述性统计分析

	专利（个）	知识产权保护指数	纺织业地位	盈利能力	负债水平	政府赤字水平	经济发展水平（万元/人）	地区市场开放度
全国								
均值	156.058	7.3896	3.8052	0.0193	0.6334	2.0549	21002.99	3.7547
中位数	49.5	3.895	1.7313	0.0216	0.6162	2.2178	16518.33	1.541

续表

	专利（个）	知识产权保护指数	纺织业地位	盈利能力	负债水平	政府赤字水平	经济发展水平（万元/人）	地区市场开放度
东部地区								
均值	373.9455	16.9396	6.8460	0.0360	0.5744	1.1126	35270.9	9.0854
中位数	211	11.3000	4.2899	0.0349	0.5845	1.1334	32935.77	8.0037
中西部地区								
均值	31.1882	2.7245	2.2439	0.0209	0.6224	2.3876	15210.97	1.3417
中位数	16	1.9600	1.8134	0.0211	0.6127	2.3208	14448.15	1.2848

从表 2-5 可以看出，中西部差异不大，东部地区专利个数差异大是由于海南省的影响。纺织业经济东部地区占 GDP 的比重平均为 6.846%，而中西部地区平均仅占 2.2439%。我国纺织业经济最活跃的地区以浙江、江苏、上海为首的江浙一带，以广东、福建为代表的东南部沿海。纺织业盈利能力东部地区 3.6% 远高于中西部地区的 2.09%，而负债水平反而是中西部地区达到 62.24%，高于东部地区的 57.44%。东部地区明显政府要比中西部地区富裕，中西部地区政府财政赤字达到 2.3876%，而东部地区政府财政收支基本持平，略高一成。经济外向度几乎是中西部地区的 8 倍，人均 GDP 东部地区是中西部地区的两倍多。

我们以全国整体、东部地区以及中西部地区的数据分别对模型 1 进行回归。首先以知识产权保护指数对模型进行回归，结果见表 2-6 的第 1 列、第 3 列和第 5 列；然后加入知识产权保护指数的平方项进行回归，结果见表 2-6 的第 2 列、第 4 列和第 6 列。

表 2 - 6

知识产权保护与创新产出回归分析

| | 创新产出 | | | | | |
| | 全国 | | 东部地区 | | 中西部地区 | |
	(1)	(2)	(3)	(4)	(5)	(6)
常数项	-10.7442*** (0.0001)	-7.0508** (0.0189)	-11.0437** (0.0452)	-9.4636* (0.0605)	-4.0098 (0.3042)	-1.4782 (0.6787)
纺织业比重	0.1275*** (0.0009)	0.1010*** (0.0035)	0.1417*** (0.0003)	0.1227*** (0.0001)	0.1217 (0.3533)	0.1481 (0.1839)
纺织业盈利能力	-7.0292** (0.0230)	-7.8404*** (0.0098)	-5.9128 (0.4008)	0.6584 (0.9179)	-8.5017 (0.0366)	-10.8341 (0.0054)
纺织业负债水平	0.266 (0.6705)	0.3564 (0.5647)	1.1412 (0.2193)	0.5232 (0.5407)	-1.1426 (0.4082)	-1.4993 (0.2597)
地区政府赤字水平	-0.5196*** (0.0043)	-0.4886*** (0.0029)	-0.2881 (0.4515)	-0.5550* (0.0764)	-0.4244** (0.0417)	-0.3961** (0.0218)
地区市场开放度	-0.0749** (0.0299)	-0.0871*** (0.0051)	-0.0246 (0.4388)	-0.0223 (0.3414)	-0.2728 (0.1340)	-0.2475 (0.1239)

续表

| | 创新产出 | | | | | |
| | 全国 | | 东部地区 | | 中西部地区 | |
	(1)	(2)	(3)	(4)	(5)	(6)
地区经济发展水平	1.5318*** (0.0000)	1.1067*** (0.0006)	1.4325*** (0.0080)	1.2934*** (0.0095)	0.8596** (0.0316)	0.5286 (0.1468)
知识产权保护指数	0.0269* (0.0718)	0.1629*** (0.0041)	0.0262* (0.0705)	0.0771* (0.1076)	0.2494*** (0.0105)	0.8317*** (0.0008)
知识产权保护指数^2		-0.0030** (0.0143)		-0.0010 (0.2694)		-0.0702** (0.0198)
调整的 R^2	0.4432	0.5081	0.4475	0.5858	0.2614	0.3642
F 统计量	14.0783	15.8455	5.9748	8.6016	4.4377	5.8689

回归结果表明，知识产权保护指数与创新产出分别在10%、10%和1%的显著性水平下正相关，而知识产权保护指数的平方项分别与创新产出全国和西部地区分别在5%的显著性水平下负相关，东部地区也是负相关，尽管不显著。这说明，加强知识产权保护会对纺织行业的创新产出产生明显的促进作用，而知识产权保护的进一步加强，会对纺织行业的创新产出产生逆向影响，这在中西部地区明显强烈。此外，地区政府赤字水平与地区创新产出显著性负相关，而地区经济发展水平与地区创新产出显著性正相关，地区的纺织业发展水平决定了地区纺织业的创新能力。换句话说，地区的纺织业越发达，人均 GDP 越高，地区纺织业的创新能力越强，知识产权保护能力越强，地区纺织业的创新能力也越强，但是如果知识产权保护能力过强，则会约束地区纺织创新能力的进一步发展，这一点在中西部地区尤其突出。

由于我们无法得到各地区纺织行业研发支出方面的数据，为进一步检验知识产权保护的真实影响，我们以纺织行业的上市公司为例进行了实证检验。

（三）以纺织上市公司为样本的实证结果与讨论

1. 描述性统计分析

由于大部分的纺织上市公司注册地都在东部地区，这一数量占比达到80%以上，中西部地区数量有限，因此我们不再区分东部地区和中西部地区，仅以所在地区为控制变量区别地区的不同对创新投入的影响。描述性统计结果如表 2-7 所示。

表 2 - 7　　　　　　　　　　企业数据描述性统计

	均值	中位数	最大值	最小值	标准差
研发投入强度	0.0086	0.0026	0.0415	0.0000	0.0116
专利产出	3.8692	0	80	0	8.4972
知识产权保护指数	22.3287	22.6400	53.5100	0.8100	16.8032
技术市场活跃度	0.7825	0.2745	10.1723	0.0282	1.7550
资本投入比率	0.0620	0.0426	0.2361	0.0001	0.0553
现金实力	0.1681	0.1236	0.8218	0.0011	0.1466
盈利能力	0.0652	0.0498	1.9916	- 0.6281	0.1380
债务水平	2.8858	2.0686	22.2342	1.2037	2.3001
企业规模	20.6738	20.7114	23.4763	14.8454	1.0713
所在地区	0.8063	1.0000	1.0000	0.0000	0.3959

从表 2 - 7 可以看出，我们纺织行业上市公司的研发投入强度仅为 0.86%，远低于一般上市公司平均 2% 的强度。

2. 回归结果分析

对模型 2 的回归结果见表 2 - 8。

表 2 - 8　　　　知识产权保护与纺织上市公司创新投入回归分析

	创新投入				
	(1)	(2)	(3)	(4)	(5)
常数项	5.3574 *** (0.0000)	5.4127 *** (0.0000)	5.6219 *** (0.0000)	5.5589 *** (0.0000)	5.5371 *** (0.0000)
资本支出率	1.7599 (0.1196)	1.7788 (0.1174)	1.8738 * (0.0984)	2.0409 * (0.0682)	1.6214 (0.1528)

续表

	创新投入				
	（1）	（2）	（3）	（4）	（5）
现金实力	1.0423 **	1.0278 *	1.1481 **	0.6224	0.5478
	(0.0460)	(0.0515)	(0.0305)	(0.2413)	(0.3013)
盈利能力	0.9283 **	0.9241 **	0.9408 **	0.8404 *	0.7897 *
	(0.0414)	(0.0429)	(0.0386)	(0.0615)	(0.0781)
负债水平	0.0044	0.0043	0.0014	0.0208	0.0223
	(0.8947)	(0.8966)	(0.9671)	(0.5307)	(0.4985)
企业规模	−0.2583 ***	−0.2612 ***	−0.2670 ***	−0.2697 ***	−0.2634 ***
	(0.0000)	(0.0000)	(0.0000)	(0.0000)	(0.0000)
所在地区	0.6022 ***	0.5832 ***	0.7414 ***	0.5483 ***	0.5645 ***
	(0.0002)	(0.0016)	(0.0003)	(0.0005)	(0.0003)
知识产权保护指数		0.0009	−0.0273		
		(0.8370)	(0.0972)		
知识产权保护指数^2			0.0005 *		
			(0.0755)		
技术市场活跃度				0.1122 ***	−0.1219
				(0.0018)	(0.3326)
技术市场活跃度^2					0.0268 *
					(0.0530)
调整后的 R^2	0.133731	0.1311	0.1371	0.1577	0.1651
F 统计值	9.2076 ***	7.8742 ***	7.3357 ***	9.5341 ***	8.8880 ***

由表 2−8 可知，知识产权保护只有达到一定程度，才能促进创新投入的增加。表 2−8 第 1 列是所有控制变量对被解释变量研发投入 R&D 的回归结果，表明现金实力与盈利能力

在 5% 的显著性水平下与 R&D 投入强度正相关，企业规模与
R&D 投入强度在 1% 的显著性水平下负相关。所在地区与 R&D
投入强度在 1% 的显著性水平下正相关。第 2 列加入知识产权
保护指数变量，结果正相关，但是不显著。第 3 列加入知识产
权保护指数的平方项后其结果变得显著，说明知识产权保护越
强，越能激励企业的研发投入。我们使用技术市场活跃度后发
现结果也是如此。

对模型 3 的回归结果见表 2 – 9。

表 2 – 9　　　知识产权保护与纺织上市公司创新产出回归分析

	创新产出				
	（1）	（2）	（3）	（4）	（5）
常数项	– 4. 8207 ***	– 4. 6518 ***	– 4. 5480 ***	– 4. 9629 ***	– 4. 9766 ***
	（0. 0000）	（0. 0001）	（0. 0001）	（0. 0000）	（0. 0000）
资本支出率	1. 5060	1. 5661	1. 6125	1. 3096	1. 0324
	（0. 1382）	（0. 1249）	（0. 1145）	（0. 1951）	（0. 3151）
现金实力	0. 0953	0. 0523	0. 1123	0. 3874	0. 3367
	（0. 8378）	（0. 9113）	（0. 8128）	（0. 4174）	（0. 4815）
盈利能力	0. 0011	– 0. 0089	– 0. 0034	0. 0348	0. 0196
	（0. 9960）	（0. 9681）	（0. 9881）	（0. 8755）	（0. 9297）
负债水平	0. 0778 ***	0. 0774 **	0. 0760 **	0. 0667 **	0. 0677 **
	（0. 0099）	（0. 0103）	（0. 0119）	（0. 0274）	（0. 0251）
企业规模	0. 2128 ***	0. 2042 ***	0. 2013 ***	0. 2207 ***	0. 2248 ***
	（0. 0001）	（0. 0002）	（0. 0003）	（0. 0000）	（0. 0000）
所在地区	0. 1100	0. 0523	0. 1314	0. 1476	0. 1582
	（0. 4372）	（0. 7504）	（0. 4723）	（0. 2968）	（0. 2633）

续表

	创新产出				
	(1)	(2)	(3)	(4)	(5)
知识产权保护指数		0.0027 (0.4872)	−0.0114 (0.4430)		
知识产权保护指数^2			0.0003 (0.3230)		
技术市场活跃度				−0.0778 ** (0.0162)	−0.2315 ** (0.0427)
技术市场活跃度^2					0.0176 (0.1598)
调整后的 R^2	0.0673	0.0658	0.0657	0.0815	0.0844
F 统计值	4.8360 ***	4.2074 ***	3.8037 ***	5.0439 ***	4.6756 ***

表 2 - 9 的第 1 列我们仅以控制变量对模型 3 进行回归，结果表明，负债水平与企业规模与创新产出显著正相关。第 2 列我们加入知识产权保护指数变量，结果显示，知识产权保护与创新产出正相关，但是不显著。加入知识产权保护指数的乘数项以后，仍旧不显著，见第 3 列，而第 4 列加入技术市场活跃度变量后，结果显示与因变量创新产出显著负相关，加入技术市场活跃度乘数项后，结果与创新产出正相关，但是不显著。

尽管表 2 - 8 的回归结果表明，知识产权保护与整个纺织行业的技术创新存在倒 U 形关系，但是知识产权保护与纺织上市公司的创新产出关系不明。具体分析，技术市场成交额可能对纺织上市公司的专利申请量存在一个替代效应，即纺织上市公司可能会从技术市场购买专利而非自己申请专利。而技术市场成交额会推动整个纺织行业的专利申请数量。进一步地，我们分析纺织行业的专利申请人，发现江苏、浙江、上海、福建、广东、北京、天津、山东、河北这些纺织大省市，安徽、河南、湖南、山西中部城市以及陕西、四川、贵州、宁夏这些地区是企业为主体，其他都是学校和个人申请占了较大比重。

五、本章小结

本章首先将有关国内外知识产权保护与技术创新的相关理论和实证文章进行梳理、归纳和简评，并以纺织行业为例实证分析了知识产权保护与技术创新的关系。知识产权保护对技术创新有利有弊，一方面，知识产权保护制度使技术创新的外溢性内部化，有力地刺激了技术创新的发展；另一方面，知识产权保护制度不利于知识分享，在一定程度上阻碍了技术创新的进一步发展。本章以全国30个省份（不含港澳台及西藏地区）的纺织行业和87家纺织上市公司为例实证检验了知识产权保护与技术创新的关系。研究结果表明，知识产权保护对创新投入存在促进作用，加强知识产权保护会有力地促进创新的投入。而知识产权保护程度与地区纺织业创新产出则存在倒U形关系，即加强知识产权保护会促进创新产出，但是知识产权保护过强，会限制创新能力的进一步发展。这一点在中西部地区尤其突出。但是，知识产权保护与纺织上市公司的创新产出关系不明。

此外，地区的纺织业越发达，地区经济发展水平越高，地区纺织业的研发投入越多，创新能力越强。企业的现金实力与盈利能力越强，企业的研发投入越多。长期负债水平越高，企业规模越大，创新产出越多。技术市场活跃度与纺织上市公司的专利申请存在替代关系。

我国一直以来都是制造大国，纺织行业也是其支柱产业之一，在特定的历史阶段，纺织行业为吸纳我国较高过剩的劳动力，为出口创汇贡献了力量。但整体上纺织业现阶段还是以模仿为主，缺乏自主创新产品和技术。面对前有发达国家以专利为主的技术壁垒，周边有更为低廉劳动力成本的东南亚国家的成本优势的双面夹击，加强技术创新是时代选择的必然。加强知识产权保护制度，注重知识产权保护意识的培养以及提升，激励纺织行业进行技术创新，并且促使知识产权能够成功参与商业运营，保障创新收益，使知识产权保护与技术创新能协调发展。但是，过强的知识产权保护制度有可能限制纺织行业的技术创新。

参考文献：

［1］Hanel P. Intellectual property rights business management practices：A survey of the literature ［J］. Technovation, 2006 (26)：895 – 931.

［2］Glass A. J. , Saggi K. Intellectual property rights and foreign direct investment ［J］. Journal of International Economics, 2002 (56)：387 – 410.

［3］Maskus K. E. , Penubarti M. How trade related are intellectual property rights ［J］. Journal of International Economics, 1995 (39)：227 – 248.

［4］Mansfield E. Licensing versus Direct Investment：Implications for Economic Growth ［J］. Journal of International Economics, 1995 (56)：131 – 153.

〔5〕Gould D. M., Gruben W. C. The role of intellectual property rights in economic growth〔J〕. DEV. ECON. 323, 338 – 46（1996）.

〔6〕Eaton D., van Tongeren R. Mixed Incentive Effects of IPRS in Agriculture〔R〕. Paper Presented at the Meeting 8th International Consortium on Agricultural Biotechnology Research（ICABR）, Ravello（Italy）, 2004（7）：8 – 11.

〔7〕邹薇. 知识产权保护的经济学分析〔J〕. 世界经济, 2002（2）：2 – 11.

〔8〕韩玉雄, 李怀祖. 知识产权保护对经济增长的影响：一个基于垂直创新的技术扩散模型〔J〕. 当代经济科学, 2003（3）：33 – 41.

〔9〕赵伟, 吕盛行, 管汉晖. 与贸易相关的知识产权保护理论最新进展及启示〔J〕. 财贸经济, 2004（9）：46 – 51.

〔10〕易先忠, 张亚斌, 刘智勇. 自主创新、国外模仿与后发国知识产权保护〔J〕. 世界经济, 2007（3）：31 – 40.

〔11〕张秀峰, 聂鸣. 基于创新型企业与模仿型企业协调发展的知识产权保护强度分析〔J〕. 科技管理研究, 2007（9）：239 – 241.

〔12〕胡凯, 吴清, 胡毓敏. 知识产权保护的技术创新效应——基于技术交易市场视角和省级面板数据的实证分析〔J〕. 财经研究, 2012（8）：15 – 25.

〔13〕李平, 崔喜君, 刘建. 中国自主创新中研发资本投入产出绩效分析——兼论人力资本和知识产权保护的影响〔J〕. 中国社会科学, 2007（2）：32 – 42.

〔14〕高金旺. 知识产权保护与技术创新困境研究〔J〕. 经济经纬, 2007（7）：32 – 34.

[15] Arundel A. and Kabla I. What percentage of innovations are patented? empirical estimates for European firms. Research policy. 1998 (27): 127 - 41.

[16] Audretsch D. B. , The dynamic role of small firms: evidence from the US. Small Business Economics, 2002, 18 (1 - 3): 13 - 40.

[17] Jensen P. H. , Webster E. Firm size and the use of intellectual property rights [J]. The economic record, 2006, 82 (256): 44 - 55.

[18] WIPO, 2003. Intellectual property issues related to electronic commerce. http: //www. wipo. int/sme.

[19] Kitching J. , Blackburn R. Intellectual property management in the SME [J]. Journal of small business and enterprise development, 1998, 5 (4): 327 - 335.

[20] Arrow K. J. Economic Welfare and the Allocation of Resource for Inventions. In R R. Nelson (ed), The Rate and Direction of Inventive Activity [M]. Princeton: Princeton University Press, 1962.

[21] Kanwar S. , Evenson R. E. Does intellectual property rights spur technological change [J]. Oxford Economic Papers, 2003 (55): 235 - 264.

[22] Aubert J. Promoting innovation in developing countries: a conceptual frame work [R]. World Bank Policy Research Working Paper 3554. World Bank, Washington DC, 2005.

[23] Park, W. G. Do intellectual property rights stimulate R&D and productivity growth? evidence from cross-national and manufactur-

ing industries data, in Jonathan Putnam (ed.), Intellectual Property and Innovation in the Knowledge – Based Economy, Ottawa: Industry Canada, 2005 (9): 1 – 51.

[24] Lederman D. , Maloney W. F. R&D and Development [R]. World Bank Policy Research Working Paper 3024. World Bank, Washington, DC, 2003.

[25] Chen Y. M. , Puttitanun T. Intellectual property rights and innovation in developing countries [J]. Journal of Development Economics, 2005, 78 (2): 474 – 493.

[26] Parello C. P. A north south model of intellectual property rights protection and skill accumulation [J]. Journal of Development Economics, 2008, 85 (1): 253 – 281.

[27] 解维敏, 唐清泉. 知识产权保护提高了企业自主创新么? ——来自中国上市公司的经验证据 [J]. 现代管理科学, 2008 (7): 33 – 35.

[28] 胡凯, 吴清. 知识产权保护的技术创新效应——基于技术交易市场视角和省级面板数据的实证分析 [J]. 财经研究, 2012 (8): 15 – 25.

[29] Cohen W. M. , Levinthal A. D. Innovation and learning: the two faces of R&D [J]. Economic Journal, 1989, 99 (397): 569 – 596.

[30] Collier P. The role of the state in economic development: cross-regional experiences [J]. Journal of the African Economies, 1998 (7) (supp 1 – 2): 38 – 76.

[31] Stiglitz J. E. Markets, market failures and development [J]. American Economic Review, 1989, 79 (2): 197 – 203.

［32］ Grossman G. M. , Helpman E. Innovation and growth in the global economy ［M］. Cambridge, MIT Press, 1991.

［33］ Yuichi F. The protection of intellectual property rights and endogenous growth: is stronger always better? ［J］. Journal of Economic Dynamics and Control, 2007, 31 (11): 3644 – 3670.

［34］ Hu M. C. , Mathews J. A. National innovative capacity in east Asia ［J］. Research Policy, 2005, 34 (9): 1322 – 1349.

［35］ Schneider P. H. International trade, economic growth and intellectual property rights: a Panel data study of developed and developing countries ［J］. Journal of Development Economics, 2005 (78): 529 – 547.

［36］ Allred B. , Park W. G. Patent Rights and Innovative Activities: Evidence from National and Firm – Level Data ［J］. Journal of International Business Studies, 2007, 38 (6), 878 – 900.

［37］ 贺贵才, 于永达. 知识产权保护与技术创新关系的理论分析 ［J］. 科研管理, 2011 (11): 148 – 156.

［38］ Maskus K. E. Intellectual property rights in the global economy, Institute for International Economics, Washington DC, 2000.

［39］ Shapiro, Carl. Navigating the Patent Thicket: Cross Licenses, Patent Pools, and Standard Setting ［J］. Innovation Policy and the Economy, 2001 (1): 119 – 150.

［40］ O'Donoghue T. , Zweimuller F. Patents in a Model of Endogenous Growth ［J］. Journal of Economic Growth, 2004 (9).

［41］ Chen Y. M. , Puttitanun T. Intellectual property rights and innovation in developing countries ［J］. Journal of Development Economics，2005（78）：474 - 493.

［42］ Koleda G. Patents' novelty requirement and endogenous growth ［J］. Revue deconomie Politique，2005（114）：201 - 222.

［43］ 庄子银. 知识产权、市场结构、模仿和创新 ［J］. 经济研究，2009（11）：95 - 104.

［44］ 王华. 更严厉的知识产权保护制度有利于技术创新吗？ ［J］. 经济研究，2011（11）：124 - 135.

［45］ 史安娜，张慧君. 基于知识产权保护的区域技术创新研究与对策 ［J］. 上海社会科学，2012（6）：102 - 104.

［46］ 张平. 国家发展与知识产权战略实施 ［J］. 中国发明与专利，2008（8）：19 - 22.

［47］ 王黎萤，陈劲，杨幽红. 技术标准战略、知识产权战略与技术创新协同发展关系研究 ［J］. 中国软科学，2004（12）：24 - 27.

［48］ 伊利奇·考夫. 专利制度经济学 ［M］. 北京：北京大学出版社，2005.

［49］ Lee B.，Fisman R. and Foley C. F. Do stronger intellectual property rights increase international technology transfer？ empirical evidence from us firm-level panel data ［J］. Quarterly Journal of Economics，2006，121（1）：321 - 349.

［50］ 周茜. 知识产权制度对企业创新的作用机制综述 ［J］. 现代管理科学，2012（5）：89 - 91.

第三章

环境规制对技术创新的
影响：分行业研究

随着工业化进程的不断推进，中国经济进入新常态，如何优化产业结构、促进产业转型升级，将生态建设与经济增长方式协调发展是当前国家产业政策的重心所在。环境规制是企业实现长期稳定增长的基本保障，技术创新是企业提高绩效并且实现可持续发展的关键。在环境效益日渐受到重视的背景下，能否通过环境规制来推动企业进行技术创新成为一个值得探究的话题。

波特假说认为，合理设置的环境规制政策，能够刺激企业进行技术创新，产生创新补偿作用，弥补甚至超过环境规制带来的成本增加，从而达到环境绩效和企业经济绩效同时改进的"双赢"局面，对此不少学者从行业、区域、绩效、制度等方面进行了验证，发现重污染行业环境规制更激励行业技术创新，且在东部地区尤为明显，不同类型的环境规制也会导致不同的创新绩效。也有研究认为环境规制增加了生产成本，挤占其他资源而事实上降低了企业竞争力。无论是支持波特假说，还是质疑或否定波特假说，都会引发我们思考环境规制与技术创新之间的关系。那么整个工业行业对于环境规制的需求是否存在共性？环境规制的强度在不同行业层面对技术创新的影响是否一样？现有的文献对此一直没有进行详细的解释和说明，目前的研究大多集中在区域层面整体或者单个行业角度对两者关系进行探究，由于不同行业有不同的特征，受环境规制影响的程度不一致，将在很大程度上影响企业进行技术创新。因此，探讨不同行业的环境规制对技术创新的影响显得尤为重要，本章将从节能减排角度对行业分类探讨，并得出相关结论。

一、环境规制论及其对技术创新的影响

环境规制抑制论认为环境规制是环境外部成本的内部化，必然造成企业经营成本上升和竞争力下降，给企业创新带来不利的影响。因为技术创新需要资金投入，而环境规制要求企业对污染治理进行投资。在资金有限的条件下，这些投资将会挤掉企业原来准备用于技术创新的投资。环境规制会增加企业成本，妨碍企业生产率的提高，甚至削弱企业的国际市场竞争力。因此，在企业生产及消费需求不变的假定下，环境规制必然不利于企业的技术创新。研究发现，美国造纸厂为了达到环境规制的标准，会将企业的投资从生产性投资转到污染治理性投资上，从而影响企业的经营绩效。环境规制对企业技术创新投入的总影响显著为负。

环境规制促进论则提出了"双赢"观点，认为尽管环境规制会增加生产成本，但是成本增加会成为企业进行技术创新的直接动力。环境规制形成有效的倒逼机制，激发企业创新、促进资源配置效率优化，企业通过创新弥补环境的费用投入形成"创新补偿"。因此，环境规制不但能够降低污染治理成本，节约环境资源使用费用，还可能激发企业进行技术创新、提高生产效率，减少甚至完全抵消环境规制的负面影响。利用美国、德国、日本数据（Jaffe，1995；Horbach，2008；Debnath，2015）；我国（赵红等，2008；颉茂华，2016）的数据研究均支持了环境规制对技术创新的促进作用。

此外，受环境库兹涅茨曲线启示，环境规制与技术创新之间也可能存在 U 形特征，即随环境规制强度增强，其效应由"抵消效应"发展为"补偿效应"。杜威剑（2015）用中国工业企业数据研究发现，环境规制与企业创新呈 U 形关系，我国现阶段还处于 U 形曲线的左侧。刘伟根据我国 2001～2012 年省际面板数据研究发现，全国、东部地区和西部地区环境规制对技术创新存在明显的 U 形关系，且当达到一定门槛值，环境规制才能促进创新产生。

对 1975～1991 年德国重污染行业的数据分析发现，环境规制只导致某些行业受到影响，并且不同行业间的影响存在很大的差异。研究认为，由于不同企业对环境的要求程度不同，对环境规制的重视程度、投入情况也不一致，环境规制对技术创新的影响也因此产生了选择效应。高污染高能耗行业的环境规制投入成本大于其他行业，创新对环境投入的补偿效应很弱，环境规制则可能抑制企业技术创新的发展。另外，非高污染高能耗行业的环境规制投入成本低于高污染高能耗行业，创新产出可能弥补企业的环境成本，从而促进企业进行技术创新。

基于以上分析，本章提出以下假设：

假设 1：环境规制与企业创新投入存在正相关关系。

1a：环境规制与高能耗高污染行业创新投入存在负相关关系

1b：环境规制与中能耗中污染行业创新投入存在正相关关系

1c：环境规制与低能耗低污染行业创新投入存在正相关关系

假设 2：环境规制与企业创新产出存在正相关关系。

2a：环境规制与高能耗高污染行业创新产出存在负相关关系

2b：环境规制与中能耗中污染行业创新产出存在正相关关系

2c：环境规制与低能耗低污染行业创新产出存在正相关关系

二、研究设计

（一）指标选取与计量模型

为了验证环境规制与技术创新关系，我们用各行业的技术创新作为被解释变量，以环境规制作为核心解释变量，并将行业规模、行业资本结构等作为控制变量引入模型。

1. 解释变量

通常国内会采用污染物排放量（工业废水、二氧化硫等排放量）来衡量环境规制强度，但是由于行业数据的较难统计与准确性的偏差使得研究具有一定局限性。有研究（Sonia Ben Kheder）曾用 GDP/Energy 度量环境规制强度，李勃昕（2013）通过检验发现该值越大，节能减排效果越明显，即单位 GDP 的绿色能力越强，也预示着环境规制强度越大。鉴于该指标的优越性，我们选用行业 GDP/行业 Energy 来衡量中国工业不同行业的环境规制强度。

2. 被解释变量

本书从创新投入与创新产出两个方面来研究行业的技术创新程度。创新投入选择用行业的科技创新活动经费支出（R&D）来表示，创新产出用申请专利数来衡量。

3. 控制变量

行业规模，用规模以上工业总产值（单位是亿元）的自然对数表示，行业规模越大，则创新投入相应会更多，创新产出也会变大。资产负债率，该指标主要用来衡量行业的长期偿债能力，可作为一项行业资本结构的代理变量。模型所涉及的指标及来源如表 3 - 1 所示。

表 3 - 1 　　　　　　　　　　变量定义

变量	变量符号	变量名称	定义
被解释变量	R&D	研发投入	ln（行业 R&D 投入）
	Patent	专利产出	ln（申请专利数）
解释变量	Ei	环境规制强度	行业 GDP 总产值/行业能源消耗
控制变量	Size	行业规模	ln（行业总资产）
	Lev	行业资产负债率	负债/资产

本章构建基本计量模型如下：

$$R\&D = \alpha + \beta_1 Ei + \beta_2 Size + \beta_3 Lev + \varepsilon \qquad (3-1)$$

$$Patent = \alpha + \beta_1 Ei + \beta_2 Size + \beta_3 Lev + \varepsilon \qquad (3-2)$$

模型（3 - 1）和模型（3 - 2）中，$R\&D$ 表示行业研发投入，$Patent$ 表示行业创新产出，Ei 表示环境规制强度，$Size$ 表示行业规模，*Lev* 表示行业资产负债率。模型（3 - 1）用来检验环境规制与创新投入的关系，模型（3 - 2）用来检验环境规制与创新产出的相关关系。

（二） 数 据 说 明

本章以 2010～2013 年工业行业为样本，对上述回归模型进行检验。关于环境规制以及研发数据的来源大部分通过手工收集，其中行业专利数据主要来源于《中国科技统计年鉴》，工业行业总产值以及行业规模来源于《中国工业统计年鉴》，能源的数据来自于《中国能源统计年鉴》，与科技有关的统计数据来自于《中国科技统计年鉴》。本书选取规模以上工业行业，一部分数据不全的小行业，最终得到 136 个观测值，本书使用 SPSS19.0进行数据分析，所有的数据均为处理后数据。

三、实证检验与结果分析

（一） 描 述 性 统 计

通过对表 3 - 2 进行分析，我们发现，对于环境规制，其极小值（0.06）与极大值（192.24）之间差异很大，平均数（10.47）却很小，表明数据离散性大，显示出各行业的规制强度差别很大，环境投入有很大的不同，平均水平偏低。专利申请数各行业存在差距，平均水平较高。研发投入也处于比较高的水平。行业规模差异大，两极分化稍严重。

表 3 – 2　　　　　　　　　　描述性分析

变量名称	极小值	极大值	均值	标准差
R&D	6.76	16.18	10.6	14.445
Patent	2.99	11.49	7.39	1.76
Ei	0.06	192.24	10.47	17.08
Size	2.54	11.54	9.14	1.51
Lev	0.054	0.98	0.53	0.11

（二）相关性分析

表 3 – 3 可以看出各变量之间的关系，环境规制与创新产出之间的相关系数为 0.171，结果显著。行业规模与研发投入、创新产出的相关系数分别为 0.317 和 0.705，存在相关性。除此之外，其他变量之间相关性较弱。通过相关性分析可知：变量之间没有多重共线，由此可见，以上模型的设立具有研究的可行性。

表 3 – 3　　　　　　　　　　相关性分析

变量符号	R&D	Patent	Ei	Size	Lev
R&D	1				
Patent	0.452**	1			
Ei	0.039	0.171*	1		
Size	0.317**	0.705**	0.020	1	
Lev	0.065	0.105	−0.155	0.414**	1

注：* 表示 $p < 0.05$，** 表示 $p < 0.01$（双尾检验）。

（三）回归分析

1. 全行业回归分析

通过表 3-4 全行业回归分析发现，环境规制与创新投入有正相关关系，显著性不是特别高，不能有力支持假设 1，与创新产出存在正相关关系且显著（$\beta = 0.024$，$p < 1\%$），证明环境规制促进了创新产出，支持了假设 2。同时发现企业规模对于技术创新投入与产出影响很大，呈现显著的正相关（$\beta = 16.917$ 和 1.272，$p < 1\%$）。但是我们认为，不同的行业存在很强的差异性，在全行业回归中无法区分其中的关系，分行业研究将更深入考察环境规制对于创新投入与创新产出的作用。

表 3-4 　　　　　　　　　全行业回归

	创新投入	创新产出
常数项	-104.03 * (-2.496)	-3.963 *** (-4.276)
环境规制	0.012 * (1.469)	0.024 *** (4.216)
行业规模	16.917 *** (3.890)	1.272 *** (12.964)
资产负债率	-17.210 (-0.391)	-1.596 (-1.622)
调整后的 R^2	0.082	0.558
F 值	5.306	61.208

注：* 表示 $p < 0.1$，** 表示 $p < 0.05$，*** 表示 $p < 0.01$（双尾检验）。

2. 分行业回归分析

本章基于孙根年（2009）的分类方式从资源节约型和环境友好型社会出发，运用 2013 年我国 40 个工业行业的调查数据，数据来源于《中国环境统计年鉴 2014》，从能源消耗与二氧化硫（SO_2）排放来分大类。我们将样本分为三大区域，由于万元能耗 0.2 以内和万元产能 SO_2 5 万吨以内的区域中的点较集中，可视为低污染低能耗区域。而万元能耗 0.2～0.8 与万元产能 SO_2 5～20 万吨所示区域也较集中可视为中污染中能耗区域，其余较分散，污染与能耗也较大，分为高污染高能耗区域。最后将各行业分为上述三大类，即低污染低能耗行业、中污染中能耗行业和高污染高能耗行业（见表 3－5）。

表 3－5 行业分类

低能耗低污染行业		中能耗中污染行业	高能耗高污染行业
烟草制品业 纺织服装、服饰业 金属制品业 家具制造业 设备制造业仪器 仪表制造业 通用设备制造业 专用设备制造业 印刷和记录媒介复制业	橡胶和塑料制品业 废弃资源综合利用业 交通运输设备制造业 电气机械和器材制造业 计算机、通信和其他电子业 农副食品加工业 食品制造业 燃气生产和供应业	纺织业 医药制造业 化学纤维制造业 水的生产和供应业 煤炭开采和洗选业 石油和天然气开采业 黑色金属矿采选业 有色金属矿采选业 非金属矿采选业 酒、饮料和精制茶制造业 石油加工、炼焦和核燃料加工业 化学原料和化学制品制造业	其他采矿业 造纸和纸制品业 非金属矿物制品业 黑色金属冶炼和压延加工业 有色金属冶炼和压延加工业 其他制造业 电力、热力生产和供应业
金属制品、机械和设备修理业 文教、工美、体育和娱乐用品制造业 皮革、毛皮、羽毛及其制品和制鞋业 木材加工和木、竹、藤、棕、草制品业			

通过分行业回归分析（见表 3-6），我们可以发现对于中能耗中污染行业，环境规制与专利申请数即创新产出之间的相关系数 0.257，结果非常显著（p < 0.01）。由此可见，对于中污染中能耗行业，环境规制与创新产出之间为正相关关系，相关系数较大，即对于中污染中能耗行业，环境规制对技术创新有着很强的促进作用，支持了假设 2b。而对于低污染低能耗行业来说，环境规制对创新投入和创新产出的系数为正，但对于创新产出略显著，不是十分明显（p < 0.05），说明合理的环境规制可以有效的弥补中污染中能耗以及低污染低能耗的行业的成本，推动企业进行技术创新。高污染高能耗行业环境规制与创新投入和创新产出之间系数为负且不显著，不能有力支持 2a，但可以看出高污染高能耗行业大量的环境治理成本挤占了企业创新的资源，使得环境规制可能存在一定的抑制作用。同时发现中污染中能耗的行业规模系数为分别为 1.333 和 1.434，十分显著（p < 0.01），说明行业规模越大，创新产出越多。在分行业回归结果中出现差异化比较大的情况，高污染高能耗行业由于环境成本投入过大，创新补偿已经不能完全满足，而低能耗低污染企业对于环境规制的要求又呈现偏低的态势，所以两极分化比较严重。

表 3-6　　　　环境规制对技术创新影响的分行业回归

变量	低污染低能耗行业		中污染中能耗行业		高污染高能耗行业	
	创新投入	创新产出	创新投入	创新产出	创新投入	创新产出
常数项	-0.913 (-0.466)	-6.454 *** (-4.972)	-0.517 (-0.174)	-7.308 *** (-4.243)	6.915 (1.94)	4.143 (2.601)
环境规制	0.009 (0.999)	0.015 * (2.524)	0.176 (1.406)	0.257 *** (3.526)	-0.062 (-0.579)	-0.074 (-1.525)

变量	低污染低能耗行业		中污染中能耗行业		高污染高能耗行业	
	创新投入	创新产出	创新投入	创新产出	创新投入	创新产出
行业规模	1.529 (7.601)	1.570 *** (11.785)	1.333 *** (4.347)	1.434 *** (8.053)	0.826 * (2.340)	0.395 * (2.504)
资产负债率	-1.674 (-0.91)	-1.129 (-0.927)	-0.816 (-0.185)	-0.789 (-0.308)	-3.481 (-1.2102)	0.101 (0.078)
调整后 R^2	0.453	0.678	0.313	0.651	0.149	0.352
F 值	19.462	47.98	8.152	30.211	2.108	4.443

注: * 表示 $p < 0.05$, *** 表示 $p < 0.01$（双尾检验）。

四、本章小结

本章实证结果发现，在不分行业的情况下，环境规制对于企业技术创新投入有正向影响不明显，不能支持假设 1，而对创新产出有显著的正向影响，假设 2 成立。按照节能减排的原则进行分类之后，发现低污染低能耗行业的环境规制与创新投入与产出没有显著正相关关系，中污染中能耗行业的环境规制与技术产出显著正相关关系，高污染高能耗行业环境规制与创新产出没有显著负相关关系，不能支持假设 2a、2c，但假设 2b 成立，同时也说明了行业之间存在的差异。

本章的政策含义有两大方面：第一，制定合理的环境政策，适当提高环境规制标准与强度，促进工业企业进行技术创新。在制定环境政策的时候，应该以激励性质的环境政策为主，通过创新补偿作用抵消环境规制给行业带来的不利影响，使得企业采用新的技术、新的生产工艺、新的流程，实现技术创新。企业提高竞争力的同时又能有效保护环境，进而实现经济发展与生态环境的协调。第二，差异化对各行业进行环境规制。分行业确保不同的环境规制投入力度，从而实现环境与创新产出的双赢。对于中污染中能耗的行业与低能耗低污染行业应该加强环境保护技术的引入，积极进行结构调整，发展节能减排的系统产业，充分利用行业的优势，提高环境规制水平，从而促进技术创新的产出。对于高能耗高污染企业来说要做好成本控制的预算，将环境规制与研发投入费用合理分配。各行业应该根据行业实际情况，在维持企业正常可持续发展最低生态标准的基础上，最大限度地进行技术创新。

参考文献：

[1] Jaffe A. B. , Palmer K. Environmental regulation and innovation: a panel data study [J]. Review of Economics and Statistics, 1997, 79 (4): 610 – 619.

[2] 王国印，王动. 波特假说、环境规制与企业技术创新：对中东部地区的比较分析 [J]. 中国软科学，2011 (1)：100 – 112.

[3] 曹勇，蒋振宇，孙合林等. 环境规制与企业技术创新绩效：政府支持的调节效应 [J]. 中国科技论坛，2015 (12)：81 – 86.

[4] 马富萍，茶娜. 环境规制对技术创新绩效的影响研究：制度环境的调节作用 [J]. 研究与发展管理，2012 (1)：60 – 66.

[5] Bezdek M. The effects of environmental regulation on the

competitiveness of U. S. manufacturing ［J］. Facts on File Publications, 2012, 16 (1): 67 – 69.

［6］ Barbera A J, Mcconnel V D. The impact of environmental on industry productivity: direct and indirect effects ［J］. Journal of Environmental Economics and Management, 1990 (1): 50 – 65.

［7］ Gray W. B. The cost of regulation: OSHA, EPA and the productivity slowdown ［J］. American Economic Review, 1987 (5): 998 – 1006.

［8］ 王文普. 环境规制、空间溢出与地区产业竞争力 ［J］. 中国人口·资源与环境, 2013 (8): 123 – 130.

［9］ Porter M. E. , Van der Linde C. Toward a new conception of environment-competitiveness relationship ［J］. The Journal of Economic Perspectives, 1995: 97 – 118.

［10］ 蒋伏心, 王竹君, 白俊红. 环境规制对技术创新影响的双重效应——基于江苏制造业动态面板数据的实证研究 ［J］. 中国工业经济, 2013 (7): 44 – 55.

［11］ Jaffe A. B. , Peterson S. R. , Portney P. R. , et al. Environmental regulation and the competitiveness of US manufacturing: what does the evidence tell us ［J］. Journal of Economic Literature, 1995 (1): 132 – 163.

［12］ Horbach J. Determinants of environmental innovation: new evidence from German panel data sources ［J］. Research Policy, 2008 (1): 163 – 173.

［13］ Debnath S. C. Environmental regulations become restriction or a cause for innovation: a case study of Toyota Prius and Nissan Leaf ［J］. Procedia – Social and Behavioral Sciences, 2015 (195):

324 - 333.

　　［14］赵红. 环境规制对产业技术创新的影响：基于中国面板数据的实证分析［J］. 产业经济研究，2008（3）：35 - 40.

　　［15］颉茂华，果婕欣，王瑾. 环境规制、技术创新与企业转型：以沪深上市重污染行业企业为例［J］. 研究与发展管理，2016（1）：84 - 94.

　　［16］Lajeunesse R，Lanoie P，Patry M. Environmental regulation and productivity：new findings on the Porter hypothesis［J］. Cirano Working Papers，2001，30（2）：121 - 128.

　　［17］杜威剑，李梦洁. 环境规制对企业产品创新的非线性影响［J］. 科学学研究，2016（3）：462 - 470.

　　［18］刘伟，薛景. 环境规制与技术创新：来自中国省际工业行业的经验证据［J］. 宏观经济研究，2015（10）：72 - 80.

　　［19］Conrad K. ，Wastl D. The impact of environmental regulation on productivity in German industries［J］. Empirical Economics，1995（4）：615 - 633.

　　［20］李勃昕，韩先锋，宋文飞. 环境规制是否影响了中国工业 R&D 创新效率［J］. 科学学研究，2013（7）：1032 - 1040.

　　［21］孙根年，王美红，康国栋. 基于节能（水）—减排的我国工业环境友好度评价［J］. 陕西师范大学学报（自然科学版），2009（1）：87 - 92.

第四章

政府干预、信贷规模，
创新抑或并购

　　创新和并购是经济体实现增长的两种重要途径。两者之间究竟是"此消彼长"，还是"推波助澜"？本章以中国 31 个省级区域为样本研究技术创新和并购的关系以及政府干预、信贷规模对技术创新和并购的影响差异，结果表明，前期的创新成果与后续的创新投入存在显著正相关，而创新成果与并购显著负相关。信贷规模对政府干预与技术创新产生部分中介效应和调节效应。信贷规模对政府干预与并购之间不存在中介效应，但是有调节效应。研究结果可为解析并购与创新的关系提供另外的视角，对当前宏观经济环境下政府的政策制定与实施提供借鉴。

一、引　言

　　市场经济条件下，仅靠市场调节有其先天而自身无法克服的功能缺陷，从而导致市场失灵。政府干预是弥补市场缺陷、调节市场运行、矫正市场失灵的重要手段。但是，政府干预并非万能，也存在内在的缺陷和失灵、失败的客观可能，也可能产生副效应，如寻租行为的滋生与泛滥。如何寻找和把握市场机制与政府干预的最佳均衡点，使得政府干预在矫正市场失灵的同时，避免和克服政府失灵，并及时予以调整，是经济理论界和各国政府面临的一项重要课题，也是一项长期而艰巨的任务。

本章以中国 31 个省级区域为样本研究了技术创新和并购之间的关系以及信贷规模是否中介或调节政府干预与技术创新或并购的关系。我国大量的研究集中于政府干预导致企业过度投资，认为企业过度投资是政府将其公共目标，如就业、税收等内部化到其控制的企业及"内部人控制"产生的预算软约束的结果。在市场化进程缓慢的地区或本地 GDP 增长业绩表现不佳时，政府干预动机越发强烈。但是也有研究表明，政府干预虽然有追求非经济效率的弊端，但是也有控制内部人机会主义的作用，政府干预能起到约束代理行为的功效。

我们将研究范围局限在技术创新与并购，是因为这两者是投资决策过程中最易于观察、最直接，也是影响最大的结果。创新和并购也是经济体成长的两种重要途径，企业通过创新加强技术更新改造、淘汰落后产能，引入新产品、新服务、新技术、新模式或新观念，推动产业升级，提升核心竞争力，保证持续稳定增长的收入和利润来源，实现内涵式发展或渐进式成长，抑或通过并购取得数量增长、规模扩大或空间拓展，实现外延式扩张或跨越式发展。并购既可以促使企业利用现有技术优势，也可以通过并购产生的规模经济和范围经济使其研发效率得到提升，推动企业开发其潜在的创新能力。并购还有助于企业获取新的原材料或控制新的原材料的供给渠道，获取专利等技术性资产，推动技术扩散，促进技术创新活动的实施与技术创新的产业化发展。随着经济的全球化发展与技术竞争的加剧，并购也是企业调整其R&D活动的主要途径，并购企业通过并购将有机会改变其研发项目、研发方向或研发支出。越来越多的研究表明内部研发与外部技术并购相结合可推动企业的发展。因此，研究技术创新与并购的关系一方面可以厘清各地区的经济增长之路；另一方面考察政府的干预政策对这两种增长方式的影响，为政府干预理论的扩展提供另外的视角思考，也为我国政府政策的制定提供借鉴与参考。

二、政府干预，技术创新与并购

（一）政府干预与技术创新

技术创新是一个国家经济发展，提高国家竞争力的核心，是我国建设创新型国家，实施创新发展战略的必由之路。因扭转技术创新的外部性带来的创新投入不足或创新陷入停滞，弥补技术创新成本或提高技术创新溢价；或纠正因创新主体陷入博弈困境造成的市场功能扭曲；或对新兴技术产业与战略性产业进行刺激与培植，都需要政府适时适度的干预。尽管由于技术发展水平、技术发展历程以及文化背景上的差异，各国之间对技术创新的干预存在一定的差异，但一般都以税收优惠、信贷支持等间接手段为主，以财政补贴、政府购买等直接手段为辅，伴随法律法规、计划、标准、教育等制度性安排以及一些行政手段的具体运用。在企业这个微观主体由于创新资金不足，导致创新活动受限的情况下，政府实施间接干预能起到很好的促进作用。

（二）政府干预与企业并购

在市场经济条件下，并购活动是并购双方基于市场化原则自由达成的契约，有利于促进社会资源的合理流动、提高经济资源的社会效用。但是，当存在市场失灵，政府的及时干预可避免并购双方利益以及社会公众利益受损。为避免垄断的形成，实现国家产业政策，提升国际竞争力，维持并购中社会公平与效率之间的平衡，保护相关各方的权益，需要政府适时适度的干预。国有企业是政府行使行政干预职能的重要载体，招商引资，国企改制，协调各方利益等，提供政策倾斜，给予税收优惠、信贷或其他支持，各级政府以国有资产所有者或社会管理者或双重身份积极介入企业并购。

但是，正是这样一种双重身份，地方政府在发挥其"支持之手"的作用时，也充当了"掠夺之手"。为帮助本地企业脱贫解困、降低地方失业率、维护社会稳定或实现地方政府官员的政治晋升目标，地方政府对企业并购进行了形形色色的干预。对处于衰退期的地方国企，政府借并购之机向其输送利益，避免对当地经济产生不利影响，李增泉等（2005）的研究提供了我国地方政府或大股东通过并购重组补助上市公司的经验证据。此外，为推动本地经济的发展或实现政绩目标，地方政府有做大做强的冲动，推动处于上升期的地方国企进行强强联合或并购，潘红波等（2008）也发现，地方政府会通过并购方式支持当地亏损企业，对盈利的地方国有上市公司的并购活动进行负面干预。在相对绩效评估的政绩考核和晋升机制下，受官员任期等影响，为将本地资源集聚到地方政府控制的企业使其肥水不落外人田，政府对企业并购目标及其并购战略选择进行干预，使得地方政府直接控制的企业更易实施本地并购和无关的多元化并购。

基于以上分析，提出以下假设：

假设1：政府干预与地区技术创新投入显著正相关；

假设2：政府干预与地区技术创新产出显著正相关。

假设3：政府干预与地区并购规模显著正相关；

（三） 政府干预，信贷规模

我国政府干预的最重要方式之一就是各地呈现出来的差别化信贷。转型过程中伴随着财政自主权、经济管理权下放，地方政府拥有了大量可以掌控的金融资源。凭借这种掌控权，政府对金融机构的运行进行有目的的干预。这种干预政府一方面有利于政府官员业绩的提升；另一方面也刺激了地方经济的发展，在此干预过程中政府也获得了收益。同时，由于商业银行的国有性以及政策性预算软约束，商业银行在做出信贷决策时会受制于地方政府的政策性目标。政府干预或通过财政补贴降低企业违约的可能，帮助企业获得贷款，特别是长期借款，或通过影响银行借贷决策，为辖区内的国企提供优惠贷款。实证研究也发现，政府干预与企业债务水平显著正相关；政府干预越多，市场化程度越低，法治水平越差的地区，企业银行债务占总负债的比例越高；并且，长期借款占总借款的比重较低。政府财政支持发挥了积极的信号传递效应，可有效降低融资约束，提高企业债务融资能力。据此，我们提出以下假设。

假设4：政府干预与地区信贷规模显著正相关。

（四）信贷约束，技术创新与并购

融资约束与技术创新。融资约束是在资本市场不完善情况下，由于信息不对称和高风险使得成本超出企业承受能力而引起的资金筹集困难，或因无法支付外部过高的融资成本而导致的融资不足，进而造成投资决策过于依赖内部资金，投资低于最优投资水平的现象。由于创新项目结果和未来收益的不确定性，技术创新投资面临着较高的风险。技术创新过程需要持续不断的资金投入，因此融资成本对于保障创新项目的实施与顺利完成起着关键的作用。由于创新过程中研发投入所形成的资产价值具有高度的不确定性，其价值还将随着新技术的出现而逐步贬值，结果造成其可抵押价值非常低，企业无法提供合适的融资抵押品。企业的外部投资者通常并不具备评价一项新产品或新生产工艺对企业发展影响的专业知识，而使得创新企业融资困难。由于创新容易被模仿，企业披露的有关创新项目的意愿和信息质量都比较低。由于信息不对称，外部投资者对 R&D 项目进行投资的意愿很低，或者比一般投资要求更高的风险溢价，技术创新投资中的外部项目融资是非常困难的，且融资成本较高。比一般企业要高出13%。随着 2008 年经济危机的蔓延，许多重大的创新项目由于融资约束而不得不搁浅。

大量的研究表明，我国企业技术创新面临着较严重的融资约束问题，私营控股企业比国有控股企业更为明显。由于融资约束的存在，技术创新项目投资会产生较高的交易成本。调查研究（Stockdale，2002）表明，在所有阻碍创新项目的因素中，融资约束，包含融资成本以及融资的可获得性是仅次于创新成本的第二大影响要素。在多种创新障碍因素之中包含融资约束在内的经济障碍更容易使得企业无限期推迟、完全放弃或根本不开展创新项目（Rivaud – Danse，2002）。融资约束使得实施创新项目的可能性减少了22%，严重阻碍了 R&D 投入和创新产出，限制了发展中国家企业的创新与出口的能力，使它们追赶不上最前沿的技术，因而始终落后于发达国家。这种状况还会进一步恶化，因为融资约束使得创新和出口活动互相替代，而非正常情况下的互为补充（Gorodnichenko，Schnitzer，2010）。容易创新的企业往往是那些能够获得外部融资的企业。融资约束在我国正处于转轨经济时期，由于企业所面临的资本市场较小、企业盈利能力不高、财务费用比例过重等问题，造成了企业内部现金流量水平低，投资依赖外部融资的情况比较普遍。研究表明，银行借贷仍是企业最主要的融资方式，也是其实施技术创新与并购的资金来源的主要渠道。

融资约束与并购。诸多研究表明，融资约束是企业并购的驱动因素之一。由于存在外部的交易费用和税收差异，收购活动能够使企业的资源流向边际利润率高的地方，从而使公司资本利润得到重新分配，缓解企业面临的融资约束问题（Williamson，1970）。王彦超（2009）认为，无融资约束的公司容易产生过度投资。由于融资约束的公司面临外部融资困难，在并购中可能会更加谨慎，但是无融资约束公司在并购中可能会支付过高的溢价去竞购目标公司。现金富裕的公司更倾向于发动并购。并且，存在融资约束的企业在收购中碍于支付方式的限制，如更多地采用股票支付方式，这对于偏好现金的目标公司股东来说，可能会阻碍并购公司的并购实施。基于以上分析，提出以下假设：

假设 5：信贷规模与创新投入显著正相关；

假设 6：信贷规模与创新产出显著正相关；

假设 7：信贷规模与并购显著正相关。

（五）信贷规模的中介效应

通过以上分析，我们发现政府干预可能对信贷规模产生影响，而信贷规模也会对企业的创新投入与产出以及并购产生影响。因此，我们提出信贷规模是否中介或调节政府干预与技术创新、并购的关系的假设。具体即：

假设 8a：信贷规模在政府干预与地区技术创新投入之间起中介效应；

假设 8b：信贷规模在政府干预与地区技术创新投入之间起调节效应；

假设 9a：信贷规模在政府干预与地区创新产出之间起中介效应；

假设 9b：信贷规模在政府干预与地区创新产出之间起调节效应；

假设 10a：信贷规模在政府干预与地区并购规模之间起中介效应；

假设 10b：信贷规模在政府干预与地区并购规模之间起调节效应。

在此，这些假定信贷规模即可以充当中介变量也可以充当调节变量。如果实证分析中我们发现信贷规模会改变政府干预对技术创新或并购的影响，则我们认为信贷规模是调节变量。如果认为政府干预会影响信贷规模，而技术创新或并购会受到信贷规模的影响，则信贷规模是中介变量。

三、实 证 分 析

（一）研 究 设 计

1. 样本与数据来源

本章选取 2003 ~ 2009 年中国 31 个省份的数据，对政府干预、信贷约束对创新和并购的影响进行实证分析。相关原始数据主要来自于《中国统计年鉴》《中国科技统计年鉴》《中国金融统计年鉴》《中国人口统计年鉴》《中国企业并购年鉴》等，并经计算整理而得。

2. 变量设计

现有研究政府干预指标通常都采用樊纲、王小鲁等编制市场化进程指标中的政府与企业的关系指数，本章借鉴程仲鸣，夏新平，余明桂（2008）和王凤荣，高飞（2012）的做法，将采用公司注册地所在省级区域减少政府对企业干预的得分，这个得分来源于樊纲、王小鲁构造的相应年度的指数。这个指标是个反指标，也即减少政府对企业干预指数越大，代表政府干预越弱，指数越大，代表政府干预越强。金融发展同样也采用樊纲和王小鲁相应年度构造的信贷资金分配市场化指数。

地区信贷规模参照郑志刚，邓贺斐（2010）的方法采用银行贷款余额/GDP 来衡量。由于无法获取资产并购的分地区数据，因此我们以股权收购总金额作为并购规模的替代变量。由于各年度股权交易金额达到并购交易总量的 60% 以上，因此我们认为这种方法是可行的。具体变量名称、变量符号及计算方法见表 4 − 1。

表 4 − 1　　　　　　　　变量名称、符号及计算方法

	变量名称	变量符号	计算方法
因变量	并购规模	M&A	各地区有控制权的股权并购金额/GDP
	创新投入	R&D	各省 R&D 经费支出额/GDP
	创新产出	Patent	各省三种专利申请受理数之和，取自然对数
自变量	政府干预	GOV	减少政府对企业的干预
	银行信贷规模	Credit	中资金融机构年末人民币贷款余额/GDP
控制变量	人均 GDP	GDPP	各省市自治区人均 GDP，取自然对数
	经济开放度	Export	地区进出口总额/GDP
	教育水平	Edu	专科以上学历的人口占比
	金融发展	Finance	信贷资金分配市场化

3. 模型和变量定义

因此，根据前面的分析，拟构建如下模型并使用随机效应模型或固定效应模型进行回归以检验本章的研究假设：

模型 1：$R\&D = \alpha + \beta_1 GOV + \beta_2 Credit + \beta_3 Controls + \varepsilon$

模型 2：$Patent = \alpha + \beta_1 GOV + \beta_2 Credit + \beta_3 Controls + \varepsilon$

模型 3：$M\&A = \alpha + \beta_1 GOV + \beta_2 Credit + \beta_3 Controls + \varepsilon$

模型 4：$Credit = \alpha + \beta_1 GOV + \beta_2 Controls + \varepsilon$

模型 1 用来检验假设 1、假设 5 和假设 8；模型 2 用来检验假设 2、假设 6 和假设 9，模型 3 用来检验假设 3、假设 7 和假设 10，模型 4 用来检验假设 4。本章采用计量软件 Eview6.0 对数据进行层次回归分析。

（二）实证结果

1. 描述性统计

表 4 - 2 是研究变量的描述性统计。

表 4 - 2　　　　　　　　描述性统计

变量	单位	均值	中位数	极大值	极小值	标准差
R&D	亿元	106. 1438	67. 4333	701. 9529	0. 3104	132. 6867
R&D/GDP	%	1. 2315	1. 0051	5. 5018	0. 1406	0. 9815
Patent	件	15076	6635	174329	24	24794. 69
M&A	亿元	44. 3544	22. 4991	428. 6660	0. 1298	61. 2870
M&A/GDP	%	0. 7530	0. 4366	22. 8368	0. 0065	1. 6790
GOV		4. 5238	4. 7200	12. 6700	- 12. 9500	3. 1975
Credit	%	97. 8395	92. 0629	225. 9689	0. 0119	29. 7215
Finance		9. 3463	9. 4600	14. 6500	2. 4000	2. 9175
GDPP	元	17928. 49	14652. 00	70452. 35	3701. 00	11750. 01
Export	万元	3767666	679326	68349200	53	9892250
Export/GDP	%	3. 4072	1. 3009	24. 4438	0. 0001	4. 8646
EDU	%	6. 5987	5. 8546	28. 9339	0. 7543	4. 2417

由表 4 - 2 可知，R&D 的支出规模占 GDP 的平均比重为 1.2315%，远低于一般国家 2% 以上的水平，并且各个地区差异很大，最高的如北京达到 GDP 比重的 5.5018%，而最小的如西藏仅达到 GDP 比重的 0.1406%。三种专利申请授权量平均为 15076 件，地区标准差为 24794.69，更是相差异常大，高的达 174329 件，低的才 24 件。并购规模 M&A 相差也大，尽管占 GDP 的平均值仅为 0.7530%，但是最大值达到 GDP 的 22.8368%，最小的仅 0.0065%。

地区信贷规模平均值为 97.8395%，最高的 225.9689%，最低的 0.0119%。其他经济开放度以及地区人均 GDP，教育水平都差异很大。

2. 格兰杰（Granger）因果关系检验

由表 4 - 3 可知，在滞后期为 1 期的条件下，创新投入 R&D 并非创新专利 Patent 的 Granger 原因，但创新产出是创新投入的 Granger 原因。创新投入也并非是并购 M&A 的 Granger 原因，并购也不是创新投入的 Granger 原因。并购并不是创新产出的 Granger 原因，但创新产出却是并购的 Granger 原因。

表 4 - 3 　　　　　　　　Granger 因果关系检验结果

Null Hypothesis	F – Statistic	Probability	结论
R&D 不是 PATENT 的格兰杰原因	0.02893	0.8651	接受
PATENT 不是 R&D 的格兰杰原因	2.85272	0.0924	拒绝
R&D 不是 M&A 的格兰杰原因	1.41735	0.2349	接受
M&A 不是 R&D 的格兰杰原因	0.77713	0.3788	接受
PATENT 不是 M&A 的格兰杰原因	4.227	0.0407	拒绝
M&A 不是 PATENT 的格兰杰原因	1.17121	0.2801	接受

根据以上 Granger 因果关系检验，我们将相应变量加入模型中，这样模型 1 和模型 3 变为：

模型 1：$R\&D = \alpha + \beta_1 GOV + \beta_2 Credit + \beta_2 Patent_{t-1} + \beta_4 Controls + \varepsilon$

模型 3：$M\&A = \alpha + \beta_1 GOV + \beta_2 Credit + \beta_3 Patent + \beta_4 Controls + \varepsilon$

3. 回归结果

（1）政府干预、信贷规模与创新投入。

我们利用模型 1 对地区政府干预、信贷约束与创新投入之间的关系进行了实证分析。首先，为考察信贷约束是否对政府干预与创新投入产生中介效应，我们分别将控制变量和政府干预、信贷规模两个变量单独放入模型中，考察自变量与中介变量是否分别均与因变量间存在显著关系；其次将所有变量放在同一模型中进行回归，观察加入中介变量后，自变量与因变量间的关系是否比没有加入中介变量时弱。同时，为考察自变量与中介变量之前是否存在显著关系，我们利用模型 4 进行回归。具体回归结果见表 4 - 4。

表 4 - 4 中第 1 列的检验结果表明，控制变量对 R&D 具有一定的解释能力，地区人均 GDP 与 R&D 投入显著性负相关，地区金融发展水平与 R&D 显著性正相关，R&D 与滞后一期的 PATENT 显著正相关。

第 2 列显示政府干预与创新投入在 1% 的显著性水平下正相关，表明政府干预越少的地区，创新投入反而越多，假设 1 没有得到验证；第 3 列显示信贷规模与创新投入在 1% 的显著性水平下正相关，假设 4 得到验证；第 5 列显示各控制变量与信贷规模的关系，第 6 列显示政府干预与信贷规模在 1% 的显著性水平下正相关，表明政府干预越少的地方，信贷规模越大，第 4 列表明

表 4 - 4　政府干预，信贷规模与研发投入回归结果分析

	R&D					Credit	
	(1)	(2)	(3)	(4)	(5)	(6)	(7)
C	1.3887 * (0.0759)	1.3800 * (0.0636)	0.4832 (0.5561)	0.6246 (0.4272)	0.3430 (0.6536)	3.3083 *** (0.0000)	3.2859 *** (0.0000)
GDPP	-0.2415 ** (0.0471)	-0.2989 ** (0.0106)	-0.1444 (0.2396)	-0.2133 * (0.0736)	-0.1298 (0.2695)	-0.2337 *** (0.0004)	-0.2354 *** (0.0003)
Export	-0.0379 *** (0.0068)	-0.0352 *** (0.0082)	-0.0315 ** (0.0223)	-0.0301 ** (0.0228)	-0.0251 * (0.0506)	-0.0229 ** (0.0414)	-0.0230 ** (0.0395)
EDU	-0.8178 (0.5882)	-0.8162 (0.5696)	-1.2159 (0.4116)	-1.1488 (0.4175)	-1.1232 (0.4122)	1.4638 (0.1761)	1.4647 (0.1737)
Finance	0.0232 (0.0168)	0.0251 (0.0067)	0.0263 (0.0059)	0.0276 *** (0.0027)	0.0243 *** (0.0064)	-0.0106 (0.1863)	-0.0099 (0.2148)
Patent1 $_{(-1)}$	0.2537 *** (0.0001)	0.3051 *** (0.0000)	0.2166 *** (0.0007)	0.2700 *** (0.0000)	0.2197 *** (0.0005)		

续表

	R&D					Credit	
	(1)	(2)	(3)	(4)	(5)	(6)	(7)
GOV		0.0218*** (0.0001)		0.0201*** (0.0002)	-0.0242* (0.0871)		0.0073* (0.0909)
Credit			0.2666*** (0.0040)	0.2226** (0.0124)	0.0593 (0.5456)		
GOV * Credit					0.0587*** (0.0009)		
调整后的 R^2	0.9758	0.9781	0.9769	0.9789	0.9803	0.7899	0.7920
F 值	213.7534***	230.6394***	218.5160***	232.7209***	242.8204***	24.8788***	24.5015***

信贷规模如何中介政府干预与创新投入之间的关系，比较第2列和第4列可知，当在模型中加入信贷规模变量后，政府干预 GOV对创新投入 R&D 的回归系数从 0.0218 显著性下降到 0.0201，整个模型调整后的 R^2 提高了 0.0007（0.9789 - 0.9781），解释力有明显提高。政府干预对创新投入的直接效应为 0.0201，其通过信贷规模对创新投入的间接影响效应为 0.0017（0.0073 × 0.2226），这样政府干预对创新投入的总效应约为 0.0218。其中，直接效应占总效应的 92.2%，间接效应占 7.8%。这一结果表明，信贷规模在政府干预影响创新投入时起部分中介作用。据此假设 8a 得到验证。

进一步，我们检验发现信贷规模对政府干预与创新投入之间还存在正的调节效应，具体见表 4 - 4 第（5）列。政府干预与信贷规模的交互项在 1% 的水平下显著，且调整后的 R^2 增加 0.0014。这样假设 8b 也得到验证。

（2）政府干预、信贷规模与创新产出。

我们利用模型 2 对地区政府干预、信贷约束与创新产出之间的关系进行分层回归。具体回归结果见表 4 - 5。

表 4 - 5　　　　　　　政府干预、信贷规模与专利回归结果

	Patent				
	（1）	（2）	（3）	（4）	（5）
C	- 4. 4538 ***	- 4. 3802 ***	- 5. 3392 ***	- 5. 4463 ***	- 5. 4444 ***
	（0. 0000）	（0. 0000）	（0. 0000）	（0. 0000）	（0. 0000）
GDPP	1. 3591 ***	1. 3649 ***	1. 4217 ***	1. 4412 ***	1. 4575 ***
	（0. 0000）	（0. 0000）	（0. 0000）	（0. 0000）	（0. 0000）

	Patent				
	(1)	(2)	(3)	(4)	(5)
Export	0.0070 (0.6644)	0.0074 (0.6353)	0.0132 (0.4160)	0.0149 (0.3350)	0.0144 (0.3451)
EDU	2.2287 (0.1565)	2.2258 (0.1411)	1.8369 (0.2380)	1.7506 (0.2374)	1.4836 (0.3118)
Finance	− 0.0200 * (0.0864)	− 0.0222 ** (0.0476)	− 0.0171 (0.1369)	− 0.0190 ** (0.0833)	− 0.0220 ** (0.0443)
GOV		− 0.0240 *** (0.0001)		− 0.0263 *** (0.0000)	− 0.0618 *** (0.0002)
Credit			0.2676 ** (0.0126)	0.3245 *** (0.0017)	0.1625 (0.1832)
GOV × Credit					0.0447 ** (0.0189)
调整后的 R^2	0.9847	0.9859	0.9852	0.9866	0.9869
F 值	410.5814 ***	431.8975 ***	410.7703 ***	441.4099 ***	440.6465 ***

表 4-5 中第 1 列显示各控制变量与创新产出的关系，地区人均 GDP 与创新产出显著性正相关，地区金融发展水平与创新产出显著性负相关。第 2 列显示政府干预与创新产出在 1% 的显著性水平下负相关，表明政府干预越多的地区，创新产出越多，假设 2 得到验证；第 3 列显示信贷规模与创新投入在 5% 的显著性水平下正相关，假设 6 得到验证；第 4 列检验信贷规模是否中介政府干预与创新产出之间的关系，比较第 2 列和第 4 列可知，当在模型中加入信贷规模变量后，政府干预对创新产出的回归系

数从 - 0.0224 显著性下降到 - 0.0263，模型的解释力提高了 0.0007（ = 0.9866 - 0.9859）。政府干预对创新产出的直接效应为 - 0.0263，其通过信贷规模对创新产出的间接影响效应为 0.0024（0.0073 × 0.3245），这样政府干预对创新投入的总效应约为 - 0.0240。这一结果表明，信贷规模在政府干预影响创新产出时起部分中介作用。据此假设 9a 得到验证。

进一步地，我们检验发现信贷规模对政府干预与创新产出之间也存在正的调节效应，具体见表 4 - 5 第（5）列。政府干预与信贷规模的交互项在 5% 的水平下显著，且调整后的 R^2 增加 0.0003。假设 9b 也得到验证。

（3）政府干预、信贷规模与并购。

我们利用模型 3 对地区政府干预、信贷约束与创新产出之间的关系进行分层回归。结果见表 4 - 6。

表 4 - 6　　　　　　政府干预、信贷规模与并购回归结果

	M&A				
	（1）	（2）	（3）	（4）	（5）
C	- 7.0775 (0.1588)	- 7.4532 (0.1443)	- 9.2169 * (0.0849)	- 10.1006 * (0.0653)	- 11.5244 ** (0.0349)
GDPP	1.2089 * (0.0657)	1.2446 * (0.0619)	1.3706 ** (0.0418)	1.4453 ** (0.0351)	1.4541 ** (0.0307)
Export	- 0.0336 (0.4290)	- 0.0262 (0.5578)	- 0.0472 (0.2842)	- 0.0387 (0.3978)	- 0.0203 (0.6578)
EDU	3.4000 (0.5724)	2.6906 (0.6635)	- 0.0907 (0.9892)	- 1.7214 (0.8051)	- 0.2779 (0.9678)
Finance	- 0.0724 (0.3047)	- 0.0800 (0.2647)	- 0.0667 (0.3474)	- 0.0754 (0.2952)	- 0.0614 (0.3892)

	M&A				
	(1)	(2)	(3)	(4)	(5)
Patent$_{(-1)}$	-0.3838 *** (0.0051)	-0.3496 ** (0.0175)	-0.3802 *** (0.0057)	-0.3308 ** (0.0255)	-0.3070 ** (0.0347)
GOV		-0.0361 (0.4727)		-0.0519 (0.3161)	0.1547 (0.2423)
Credit			0.8063 (0.2265)	0.9554 (0.1671)	2.1591 ** (0.0286)
GOV × Credit					-0.2729 * (0.0912)
调整后的 R^2	0.0342	0.0302	0.0367	0.0353	0.0470
F 值	2.3114 **	1.9611 *	2.1743 **	1.9659 *	2.1406 **

表 4-6 中第 1 列显示各控制变量与并购规模之间的关系，其中专利授权申请量与并购规模显著性负相关。第 2 列显示政府干预与并购规模负相关，但不显著，假设 3 没有得到验证；第 3 列显示信贷规模与 M&A 正相关，也不具有显著性，假设 7 没有得到验证；第 4 列表明信贷规模对政府干预与 M&A 之间也不存在中介效应，假设 10a 没有得到验证。

但第 5 列表明，信贷规模对政府干预与 M&A 之间存在负的调节效应。政府干预与信贷规模的交互项在 10% 的水平下显著负相关，且调整后的 R^2 增加了 0.0117。说明政府干预越严重的地区，政府通过凭借手中拥有的金融资源愈发对经济体的并购实加了影响。假设 10b 得到验证。

（三）结果分析与讨论

1. 技术创新投入与技术创新产出的关系

技术创新投入对创新产出并不构成影响，可能与创新投入的产出滞后性有关。而创新产出对创新投入产生显著性正向影响，说明前期的创新成功极大地鼓舞了后续的 R&D 投入，也或者说对地区而言，前期的技术机会（以专利为代理变量）是后期的 R&D 投入的基础。这说明我国在进行创新激励政策时，应优先考虑技术机会的形成以及技术创新氛围与技术创新平台的培育。

2. 技术创新与并购的关系

本章并没有发现创新投入与并购之间存在显著性相关性，但创新产出与并购规模之间存在显著性负相关。说明专利产出越多的地区，其并购规模越小，而专利产出越少的地区，其并购规模反而越大，这是不是可以解释为并购与创新之间存在一种替代关系，而不是互补关系或发挥互相促进的作用。

3. 信贷规模对政府干预与技术创新之间存在中介效应

信贷规模对政府干预与技术创新投入和技术创新产出之间都存在部分中介效应。信贷政策是政府对实体经济进行干预的有效工具，同时信贷政策的实施也直接影响实体经济的创新投入活动与创新产出绩效。因此在实施政府干预政策时，有效利用信贷政策引导企业的创新活动将放大其效应。

4. 信贷规模对技术创新的影响

信贷规模对技术创新投入和创新产出都存在显著性正相关。这和前面的融资约束影响技术创新的分析一致。金融发展水平也对创新投入存在正向影响。但是，政府干预程度越低的地区，信贷规模越大，而在政府干预程度越高的地区，信贷规模反而越小。

5. 政府干预对创新投入与创新产出的不同影响

研究结果表明，政府干预对创新投入有显著的直接影响，同时通过影响信贷规模而对创新投入产生间接的影响，信贷规模既中介又调节政府干预与创新投入之间的关系。政府干预程度越低的地区，信贷规模越高，由于政府干预的直接和间接效应，创新投入越高；反之，政府干预程度越严重的地区，信贷规模也愈发萎缩，创新投入越低。但是，金融发展水平越高的地区，创新投入越高，金融发展水平越低的地区，创新投入越低，也就是说，政府干预并未起到直接激励经济体增加创新投入的作用，经济体创新投入的水平与地区金融发展水平有关。这与蔡地，万迪昉（2012）的结论一致。张燕航（2012）认为政府直接干预存在影响企业的行为和目标、激励不相容以及资助对象选择不正确、覆盖面有限等问题。

但是，政府干预对创新产出存在显著性负相关，政府干预程度越高的地区，创新产出越高。结合上面的分析，我们发现，创新投入并没有对创新产出产生影响，而创新产出似乎完全归益于政府干预的结果。这似乎有些悖论。但是联系到我国专利的申请与评价机制，我们就不难发现其中的端倪，如地方政府制定的知识产权战略纲要中大都对本地区专利申请提出了明确的数量要求，不少列入政府考核目标，甚至下达硬性指标，或根据专利申请数量对企业进行补贴，地方政府的资助专利费用政策由于地方利益导向性导致了该政策过于注重专利申请量的增长，引发大量垃圾专利和专利泡沫现象，并给专利技术转化带来人为障碍。我国三种专利申请中，外观设计仍占绝大多数比重，发明专利占比最低，专利的科技含量及转化率偏低。

6. 信贷规模对政府干预与并购的影响

政府干预对以股权并购为标的的经济体并购活动影响为负，但并不显著。信贷规模对政府干预与并购活动之间有调节效应而无中介效应。尽管政府对并购活动的直接干预效果并不显著，但是地方政府可能更多的动用金融资源，采取信贷支持等措施对并购活动实施干预。

四、本 章 小 结

创新和并购是经济体实现增长的两种重要途径。本章以中国31个省级区域为样本研究了技术创新和并购的关系以及政府干预、信贷规模对技术创新和并购的影响差异。研究结果表明：

前期的创新成果会对后续的创新投入产生显著性的正向影响，而创新成果对并购产生显著性的负向影响。

银行信贷规模对政府干预与技术创新之间产生部分中介效应和调节效应，但对政府干预与并购之间仅存在调节效应。我们可以将信贷规模视为政府干预影响技术创新的一个中介或桥梁，而且信贷规模能调节或改变政府干预与技术创新与并购的关系强度。

政府除了财政补贴、税收返还、政府采购或其他制度安排等直接手段予以干预，还通过信贷规模的发放，对经济体的技术创新与并购进行了有效的干预。政府干预有其积极的一面，如对创新产出的积极影响，并通过银行信贷等间接手段激励经济体的创新能力的提高。但是政府干预也存在明显的外部性问题，以致影响了经济体的正常的创新投入与产出行为，这可能与政府干预的行政企图，如掺和了更多的政治目标，以及专利数量考核等评价机制的急功近利有关。

因此，我们认为：

第一，重视技术创新环境的培育。前期的创新绩效会影响后续的创新投入，良好的创新环境与创新机会将促进经济体的创新投入。政府的职责是提供一个适宜的、鼓励创新也有利于创新的环境和氛围。应重视对创新环境与创新机会的培育，进行体制机制的创新，创设更为理想的创新平台，引入创新型龙头企业的加盟，引导创新型企业的进入，孵化更多的创新型小微企业。

第二，善用信贷措施。政府在制定行政或经济干预政策时，不仅要强调金融支持创新的作用，更应重视金融对技术效率的促进作用。尽管创新投入是创新能力的部分反映，但最终还有赖于创新产出的效率。毕竟创新需要予以商业化才有前途，才是我国实施创新发展战略、建设创新型国家的依靠。因此，应完善我国科技创新的金融支持体系，帮助企业拓宽融资渠道，弥补创新资金缺口，化解和规避创新风险。

第三，规范政府行为。在市场经济环境下，政府干预有其存在的合理性，如解决市场失灵与失效问题，利用行政手段进行一定限度的资源配置，使资源配置更趋合理，市场福利更大化。尤其是在具有公共物品性质的技术创新上，政府的及时干预有效地增加了经济体的技术创新。市场机制无法解决而又普遍存在的创新外部性问题，通过政府干预得到了消除和矫正。

第四，政府干预也存在明显的外部性，如政府在创新项目选择与培植过程中的政治目标倾向以及评价机制的急功近利性，权利实施过程中不可避免地伴随着寻租行为的滋生与泛滥。因此，应寻求市场机制与政府干预的平衡，找到市场调节与政府干预的最佳结合点。当然这需要在实践过程中不断进行尝试和及时进行调整，但前提是应把握政府干预的角色定位，理顺政府与微观经济体的关系。同时，也应保持政策的连续性，避免给微观经济体因政府的随意性和频繁波动性带来的不安，影响其长期的投入产出规划。

此外，应转变以专利数量为评价依据的考核体系。重点专利申请的创新能力和商业转化率，变数量考核为质量考核。完善专利资助制度，资助目标和资助对象应选择那些申请后能在生产生活中发挥实际效应的专利和企业。

参考文献：

［1］张洪辉，王宗军．政府干预、政府目标与国有上市公司的过度投资［J］．南开管理评论，2010（6）：101 – 108．

［2］梅丹．政府干预、预算软约束与过度投资——基于我国国有上市公司［J］．2004～2006 年的证据［J］．软科学，2009（11）：114 – 122．

［3］唐雪松，周晓苏，马如静．政府干预、GDP 增长与地方国企过度投资［J］．金融研究，2010（8）：33 – 48．

[4] 钟海燕，冉茂盛，文守逊. 政府干预、内部人控制与公司投资 [J]. 管理世界，2010 (7)：98－108.

[5] 张燕航. 政府干预对企业技术创新的影响 [J]. 现代管理科学，2012 (2)：84－88.

[6] Fuller K., Netter J., Stegemoller M. What do returns to acquiring firms tell us? Evidence from firms that make many acquisitions [J]. Journal of Finance，2002 (57)：1763－1793.

[7] Masulis R. W., Wang C., Xie F. Corporate governance and acquirer returns [J]. Journal of Finance，2007 (62)：1851－1889.

[8] 袁天荣，焦跃华. 政府干预企业并购的动机与行为 [J]. 中南财经政法大学学报，2006 (2)：124－129.

[9] 陈信元，黄俊. 政府干预、多元化经营与公司业绩 [J]. 管理世界，2007 (1)：92－97.

[10] 潘红波，夏新平，余明桂. 政府干预、政治关联与地方国有企业并购 [J]. 经济研究，2008 (4)：41－52.

[11] 王凤荣，高飞. 政府干预、企业生命周期与并购绩效——基于我国地方国有上市公司的经验数据 [J]. 金融研究，2012 (12)：137－150.

[12] 李增泉，余谦，王晓坤. 掏空、支持与并购重组——来自我国上市公司的经验证据 [J]. 经济研究，2005 (1)：95－105.

[13] 李善民，朱滔. 多元化并购能给股东创造价值——兼论影响多元化并购长期绩效的因素 [J]. 管理世界，2006 (8)：129－137.

[14] 方军雄. 政府干预、所有权性质与企业并购 [J]. 管

理世界，2008（9）：118 - 123.

　　［15］张憬，刘晓辉. 政府干预、关系型贷款与干预陷阱［J］. 世界经济，2006（9）：58 - 66.

　　［16］孙铮，刘风委，李增泉. 市场化程度、政府干预与企业债务期限结构——来自中国上市公司的经验证据［J］. 经济研究，2005（5）：52 - 63.

　　［17］黎凯，叶建芳. 财政分权下政府干预对债务融资的影响——基于转轨经济制度背景的实证分析［J］. 管理世界，2007（8）：23 - 34.

　　［18］巴曙松，刘幸红，牛播坤. 转型时期中国金融体制中的地方治理与银行改革的互动研究［J］. 金融研究，2005（5）：25 - 37.

　　［19］肖作平. 所有权和控制权的分离度、政府干预与资本结构选择——来自中国上市公司的实证证据［J］. 南开管理评论，2010（10）：144 - 152.

　　［20］李跃，宋顺林，高雷. 债务结构、政府干预与市场环境［J］. 经济理论与经济管理，2007（1）：23 - 28.

　　［21］邹彩芬，刘双，王丽，谢琼. 政府 R&D 补贴、企业研发实力及其行为效果研究［J］. 工业技术经济，2013（10）：117 - 125.

　　［22］Stiglitz J. E. , Weiss A. Credit rationing in markets with imperfect information ［J］. American Economic Review, 1981, 71 (3)：393 - 410.

　　［23］Fazzari S. M. , Hubbard R. G. , Petersen B. C. Financing constraints and corporate investment ［J］. Brookings Papers on Economic Activity, 1988 (1)：141 - 195.

［24］顾群，翟淑萍. 融资约束与研发效率的相关性研究——基于我国上市高新技术企业的经验证据［J］. 科技进步与对策，2012（12）：27 - 31.

［25］Bhattacharya S. , Ritter J. R. Innovation and communication: Signaling with partial disclosure［J］. Review of Economic Studies, 1983（50）：331 - 46.

［26］Leland H. , Pyle D. Informational asymmetries, financial structure, and financial intermediation［J］. Journal of Finance, 1977（32）：371 - 387.

［27］Hall B. The financing of research and development［J］. Oxford Review of Economic Policy, 2002（18）：25 - 51.

［28］Savignac F. The impact of financial constraints on innovation: Evidence from French manufacturing firms［R］. MSE working paper No. 06042. 2006. http：//hal. archives - ouvertes. fr/docs/00/11/57/17/PDF/V06042. pdf.

［29］Paunov C. The global crisis and firms' investments in innovation［J］. Research Policy, 2012, 41（1），24 - 35.

［30］邹彩芬，黄琪. 信息技术行业 R&D 投入影响因素及其经济后果分析［J］. 中国科技论坛，2013（3）：82 - 88.

［31］解维敏，方红星. 金融发展、融资约束与企业研发投入［J］. 金融研究，2011（5）：171 - 193.

［32］Stockdale B. UK innovation survey. Department of Trade and Industry：London, 2002：1 - 11.

［33］Rivaud - Danset D. Innovation and new technologies：Corporate finance and financial constraints［C］. International conference：Financial Systems, Corporate Investment in Innovation and

Venture Capital, European Commission – DG Research and Institute For new Technologies of United nations University, Brussels. 7 and 8 November 2002. http：//www. univ – paris13. fr/CEPN/IMG/pdf/rivaud2002. pdf.

［34］ Silva F, Carreira C. Do financial constraints threat the innovation process? Evidence from Portuguese firms. Economics of Innovation and New Technology, 2012 (21)：701 – 736.

［35］ Gorodnichenko Y, Schnitzer M. Financial constraints and innovation：Why poor countries don't catch up, NBER Working Paper 15792. 2010. http：//www. econstor. eu/bitstream/10419/89026/1/IDB – WP – 218. pdf.

［36］ Maksimovic V, Ayyagari M, Demirguc – Kunt A. Firm innovation in emerging markets：The roles of governance and finance ［R］. World Bank Policy Research Working Paper, No. 4157. 2007. http：//papers. ssrn. com/sol3/papers. cfm? abstract_ id = 969234.

［37］ 赵伟，韩媛媛，赵金亮. 融资约束、出口与中国本土企业创新：机理与实证 ［J］. 当代经济科学，2012 (6)：98 – 108.

［38］ 王彦超. 融资约束、现金持有与过度投资 ［J］. 金融研究，2009 (7)：121 – 132.

［39］ Harford J. Corporate cash reserves and acquisitions ［J］. The Journal of Finance, 1999 (54)：1969 – 1997.

［40］ 程仲明，夏新平，余明桂. 政府干预、金字塔结构与地方国有上市公司投资 ［J］. 管理世界，2008 (9)：37 – 47.

［41］ 郑志刚，邓贺斐. 法律环境差异和区域金融发展——金融发展决定因素基于我国省级面板数据的考察 ［J］. 管理世

界，2010（6）：14 - 27.

［42］樊纲，王小鲁，朱恒鹏．中国市场化指数——各地区市场化相对进程报告［M］．北京：经济科学出版社，2010.

［43］蔡地，万迪昉．制度环境影响企业的研发投入吗？［J］．科学学与科学技术管理，2012（4）：121 - 128.

［44］王晓雁．数量考核亟待转为质量考核［N］．法制日报，2013 - 2 - 26. 第008版．

［45］文家春．政府资助专利费用引发垃圾专利的成因与对策［J］．电子知识产权，2008（4）：25 - 28.

［46］马忠法．专利申请或授权资助政策对专利技术转化之影响［J］．电子知识产权，2008（12）：36 - 39.

第五章

政治关联给企业带来了
什么样的资源便利

一、政治关联存在的普通性和必然性

在中国转型背景和关系主导型社会结构下，企业的政治关联
广泛存在，表现形式也多样化，每年都有许多企业在政治关联上
花费巨额的时间和成本，并对企业产生非常深刻的影响。

政府通过制订各类经济政策和管制措施来构建市场秩序，为
企业的经营活动提供了诸多行为规范。企业的生存和发展需要获
得许多外部稀缺资源的支持，如有形的金融资本以及无形的政策
资源。企业建立政治关联在本质上与企业其他行为一样，都是出
于获利最大化的动机，希望通过这种关系资本影响政府行为获得
企业所需要的资源。政治关联是企业重要的关系资源，它将政府
和企业联系在一起，政府干预越强，政治关联价值越大。

种种经验证据也表明，相对于非政治关联企业而言，拥有政
治背景的企业能够享有低融资成本、高负债率、在遇到财务困境

时更可能得到本国政府的援助；利用其政治资源帮助公司摆脱困境。如巴基斯坦，与政府有联系的企业可以获得两次以上的贷款，更能比其他企业享有 50% 的利率优惠；亚洲金融危机前，泰国与银行关系好的企业只需提供较少的抵押资产获得较多的长期贷款；巴西为当选的联邦政党捐献的企业，其银行负债利率显著增加。以我国资本市场为样本，胡旭阳（2006）、白重恩等（2005）、余明桂和潘红波（2008）、Fan 等（2008）、罗党论和甄丽明（2008）发现了政治关联有助于帮助民营企业获取银行贷款、缓解融资约束的证据。

除了直接的获取银行贷款、进入资本市场等融资优势，拥有政治关联的企业还可获取各种政策优惠，如税收优惠、享受低实际税率的好处，以低于市场的价格获得各种生产要素和资源，企业生产经营中遇到的能源物资需求问题也得以优先协调解决，在市场上更有竞争力。获取政府补贴、管制行业的准入资格。化解政策风险保障企业收益，减少民营企业在生产经营活动中可能遭受的各方面侵害。

本章以创业板上市公司为例，研究政治关联到底给企业带来了什么样的资源便利。

二、政治关联对企业的影响

（一）政治关联与企业融资

外部融资是影响企业发展的重要因素。政治关联具有信息效应，政治关联作为企业经营效率的信号，能降低民营企业的经营风险、减少银行的信贷歧视和传递企业具有良好发展前景和社会声誉的信号，增加资金供给方关于企业未来业绩的信息，有助于降低资金供求双方之间的信息不对称程度。政治关联还相当于一种隐形的政府担保，银行对该类企业存在融资软约束预期，如预期这类企业在经济困境中优先得到政府补助和更多政策扶助。

政治关联可以给企业带来更优惠的贷款条件，更低的贷款利率、获得更多的长期贷款和更长的贷款期限。尤其是在制度不完善背景下，政治关联企业有可能通过直接干预银行信贷政策，帮助企业获得贷款或贷款续新。政治关联会影响企业的融资决策，促使企业选择较高负债比率或者改变筹资方式，如更倾向于国内筹资而不愿意到国外发行证券。

为获取银行信贷支持，企业也会主动建立政治关联，以帮助企业获得更多的贷款。据此，我们提出假设1。

假设1：存在政治关联的企业融资越发有保障。

（二） 政治关联与政府补贴

政治关联还存在资源效应，在核心要素的供给、税收缴纳以及市场准入等方面享有优惠待遇，增强企业获得资源的能力，提高企业的未来总收益。

政府财政补贴是政府根据一定时期有关政治、经济方针和政策，为实现某一特定目的，由财政安排专项资金向微观经济活动主体如企业或个人，提供的一种无偿的转移支付。其选择对象一般是能够吸收下岗、失业人员，创造大量就业机会的企业，或者附加值较高的高科技企业，或者是具有正外部性的农业、公有事业等企业。

　　政府在决定向哪些企业提供补贴时存在着信息不对称，这些信息包括企业的生产技术、产品市场、发展潜力、赢利能力、就业机会创造和潜在纳税能力等。在信息不对称的条件下，政治联系可能是企业具有良好发展前景和社会声誉的一种信号显示机制，可能被视为具有良好的发展前景和社会贡献。有政治关联的企业与政府部门的沟通更为有效，在争取地方政府的财政补贴时更有可能获得相关政府部门的财政补贴的认定和审批。

　　此外，由于没有明确的法律和制度规范、约束和限制地方政府的财政补贴支出，补贴授予的标准不能足够清晰或者有很大的弹性空间，地方政府官员在决定向哪些企业提供财政补贴时具有很强的自由裁量权，从而给地方政府官员设租和企业寻租带来了很大的自由空间。获得财政补贴的企业可能并不是基于其效率的提高或者是社会资源配置的优化，很可能是有政治联系的企业的非生产性寻租行为活动的结果。政治关系还有助于企业在陷入财务困境时获得更多的政府补助。因此，提出本章的第二个假设：

　　假设2：存在政治关联的企业能够得到更多的政府补贴。

（三）政治关联与税收优惠

　　税负是影响企业价值和企业发展空间的重要因素，企业税负的高低除了与税制和政策规定有关外，也与具体征管过程中政策的执行程度密切相关。政治关联是影响企业税收负担的重要因素。中国现行税收立法采用授权立法制，立法层次低，随意性大，稳定性差，现行税收法律规范中的大部分是由国务院以条例、暂行条例形式颁行，再由财政部根据国务院授权制定实施细则。各省、自治区、直辖市再根据财政部的授权颁行补充规定，特别是税收实体法中存在表述不清、概念模糊、税收优惠随意性大，兜底条款偏多等现象，并授权行政机关解释和定义，这些均使纳税人和基层征税机关对于税收规则感到无所适从，导致如果不对具体征税事项解释就几乎无法据以执行的局面。实践中各级政府、财政部和税务机关均制定发布了大量的税收政策文件，而且很多政策文件仅是对个案的审批，即使税收法规已作明确的规定，但各地在执行尺度上也存在着较大的偏差，因此税务执法享有较大的行政自由裁量权，在决定征税对象，适用税种，适用税率、计税依据、减税免税等税收政策方面，政府官员具有较大的支配权力和弹性空间。政治关联企业实际控制人或高管的行政级别越高，越有可能获得税收优惠政策的认定和审批，政府部门对政治关联企业的税收执行尺度也将比较宽松。政治关联企业比非关联企业承受的税率更低。据此，我们提出假设3。

假设3：存在政治关联的企业能够得到更多的税收优惠。

三、研究设计

（一）样本与数据

本章的样本来源为2010～2012年创业板上市公司，去掉数据缺省公司，最后共计获得样本量356个。数据来源为巨潮资讯网上所查得的会计年报，经手工整理和 Eviews6.0 软件处理所得。其余数据来源于 CCER 数据库。企业的政治关联主要是指企业高管是否是人大代表、政协委员或者曾在政府部门任职。

（二）研究变量说明

1. 因变量

政府补贴、税收优惠、债务融资、研发补助。

2. 自变量

主要指政治关联。

3. 控制变量

R&D 强度、创新绩效、第一大股东持股比例、企业规模、盈利能力、成长性。具体见表 5 - 1。

表 5 - 1 变量符号及计算方法

	变量	符号	计算方法
	债务融资	Debt	负债/总资产
因变量	政府补贴	Subsidy	政府补贴/总资产
	税收优惠	Tax Credit	实际所得税率，净利润/利润总额
自变量	政治关联	Politic	虚拟变量，1 为有政治关联的企业，0 为无

	变量	符号	计算方法
控制 变量	R&D 强度	R&D	研发支出/主营业务收入
	创新绩效	Patent	当期批准的专利数
	第一大股东 持股比例	Shareholder	第一大股东持股数/总股数
	企业规模	Size	总资产的对数
	盈利能力	ROA	净利润/期末总资产
	所在地区	Location	虚拟变量，1 为企业所处东部地区，0 为中 西部地区
	成长性	Q	托宾 Q，公司市场价值/账面净值

（三）研究模型

为了检验假设 1、假设 2、假设 3，我们分别构建了模型（1）、模型（2）、模型（3）进行检验。

模型（1）：$Debt = \alpha + \beta_1 Poltic + \beta_2 R\&D + \beta_3 Patent + \beta_4 Shareholder + \beta_5 Size + \beta_6 Roa + \beta_7 Location + \beta_8 Q$

模型（2）：$Subsidy = \alpha + \beta_1 Poltic + \beta_2 R\&D + \beta_3 Patent + \beta_4 Shareholder + \beta_5 Size + \beta_6 Roa + \beta_7 Location + \beta_8 Q$

模型（3）：$TaxCredit = \alpha + \beta_1 Poltic + \beta_2 R\&D + \beta_3 Patent + \beta_4 Shareholder + \beta_5 Size + \beta_6 Roa + \beta_7 Location + \beta_8 Q$

四、回归结果

（一）描述性统计和相关性分析

表 5 - 2 给出了主要变量的描述性统计。2010～2012 年绝大

部分创业板公司为非国有性质的公司，同时过半以上企业具有政治关联。表5-3给出了三个模型的相关系数矩阵，相关系数通常只能简单的识别两个变量之间的线性相关关系，为更好地考察变量之间的因果关系，需要控制其他变量的影响，详细请见后面表5-4的回归分析。从表5-2的描述性统计来看，政府补贴的最大值为0.0949，最小值为0，均值为0.0093，说明我国上市公司的政府补贴还处于低水平，且两级差异很大。税收优惠的最大值为0.3307，最小值为-0.2303，均值为0.1433，说明我国的税收优惠比较高，但是两级差异还是很大。债务融资的最大值为0.7469，最小值为0.0126，均值为0.1801，说明企业的债务融资水平比较高，两极差异比较大。

表5-2　　　　　　　　　　描述性统计分析

	平均值	中值	最大值	最小值	标准差
政府补贴	0.0093	0.0062	0.0949	0	0.0111
税收优惠	0.1433	0.1441	0.3307	-0.2303	0.0485
债务融资	0.1801	0.1369	0.7469	0.0126	0.137
政治关联	0.47	0	1	0	0.4996
R&D强度	0.0718	0.0464	0.9839	0.0008	0.0908
创新绩效	11.2997	6	115	0	16.2334
第一大股东持股比例	0.3502	0.3332	0.855	0.0066	0.1317
企业规模	19.6589	19.5705	22.3576	18.0036	0.6858
盈利能力	0.0761	0.0651	0.469	-0.0008	0.049
所在地区	0.772	1	1	0	0.42
成长性	1.5155	1.4579	3.7156	0.0774	0.4983

表 5 - 3　相关性分析

	政府补贴	税收优惠	债务融资	政治关联	R&D强度	创新绩效	第一大股东持股比例	企业规模	盈利能力	所在地区	成长性
政府补贴	1										
税收优惠	-0.148	1									
债务融资	0.0482	0.0847	1								
政治关联	-0.071	-0.065	0.1231	1							
R&D强度	0.1867	-0.298	-0.2	-0.027	1						
创新绩效	0.1176	0.033	0.0702	0.0768	-0.007	1					
第一大股东持股比例	0.0117	0.1235	0.1995	-0.044	-0.114	0.0713	1				
企业规模	-0.226	0.1993	0.2935	0.0981	-0.297	0.1283	-0.031	1			
盈利能力	0.597	-0.052	0.115	-0.052	0.0244	-0.019	0.0999	-0.1	1		
所在地区	-0.027	0.0244	-0.03	-0.204	0.0179	-0.112	0.1178	0.104	0.0533	1	
成长性	-0.161	0.0222	-0.317	0.0818	0.0441	-0.002	-0.103	-0.057	-0.21	-0.097	1

表 5 - 4   回归分析

	政府补贴	税收优惠	债务融资
常数项	0. 0512 *** （0. 0005）	- 0. 0259 （0. 6866）	- 0. 8308 *** （0. 0001）
政治关联	- 0. 0009 （0. 3308）	- 0. 0069 * （0. 0787）	0. 0290 ** （0. 0205）
研发强度	0. 0151 *** （0. 0026）	- 0. 1066 *** （0. 0000）	- 0. 1261 * （0. 0737）
研发绩效	0. 0001 *** （0. 0002）	0. 0000 （0. 8102）	0. 0001 （0. 8525）
第一大股东持股比例	- 0. 0042 （0. 2167）	0. 0309 ** （0. 0383）	0. 1746 *** （0. 0003）
企业规模	- 0. 0025 *** （0. 0006）	0. 0082 ** （0. 0107）	0. 0542 *** （0. 0000）
盈利能力	0. 1237 *** （0. 0000）	- 0. 0279 *** （0. 4707）	0. 2038 * （0. 0993）
所在地区	- 0. 0010 （0. 3841）	- 0. 0007 （0. 8849）	- 0. 0279 * （0. 0734）
成长性	- 0. 0013 （0. 1453）	0. 0039 （0. 3160）	- 0. 0751 *** （0. 0000）
调整的 R^2	0. 4179	0. 1043	0. 2263
F 统计量	34. 7459 ***	6. 4891 ***	14. 7855 ***
D - W 值	1. 7766	1. 7971	1. 4588

从表 5 - 3 的相关性分析来看，政治关联与债务融资是正相关的（β = 0. 1231），初步验证了假设 1；政治关联与政府补贴是

负相关的（β = −0.071），结果与假设 2 不符；政治关联与税收优惠是负相关的（β = −0.646），结果与假设 3 不符。

（二）回归结果分析

从表 5 - 4 的回归系数来看，政治关联与债务融资正相关并且是显著的，验证了假设 1；政治关联与政府补贴负相关并且不显著，结果与假设 2 不符；政治关联与税收优惠负相关并且显著，结果与假设 3 不符。

五、本章小结

研究结果显示，政治关联与企业融资成显著正相关，而政治关联与政府补贴成负相关，与税收优惠则是显著负相关。

由此看来，政治关联并不一定只给企业带来企业资源便利，也可能会对企业带来负面效应。尽管关系资本被作为企业的一种重要资源而被予以足够的重视，但是可能由于醉心于政治资本的运作而忽视对内正常经营的运转可能会导致政治关联带来投资的挤出效应。

参考文献：

[1] Khwajia A., Mian A. Do Lenders Favor Politically Connected Firms? Rent Provision in an Emerging Financial Market [J]. Quarterly Journal of Economics, 2005 (120)：1371 - 1411.

[2] Claessens S., Feijend E. and Laeven L. Political Connec-

tions and Preferential Access to Finance: The Role of Campaign Contributions [J]. Journal of Financial Economics, 2008, 88 (3): 554 - 580.

[3] Faccio M., Masulis R. W., McConnell J. J. Political Connections and Corporate Bailouts [J]. Journal of Finance, 2006 (61): 2597 - 2635.

[4] Dombrovsky V. Do Political Connections Matters? Firm-level Evidence from Latvia [J], Working Paper, 2008.

[5] Charumilind C., Kali R., Wiwattanakantang Y. Connected Lending: Thailand before the Financial Crisis [J]. Journal of Business, 2006, 79 (1): 181 - 218.

[6] 余明桂,潘红波. 政治关系、制度环境与民营企业银行贷款 [J]. 管理世界, 2008 (8): 9 - 21.

[7] 罗党论,甄丽明. 民营控制、政治关系与企业融资约束 [J]. 金融研究, 2008 (12): 164 - 178.

[8] Adhikari A., Derashid C. and Zhang H. Public Policy, Political Connections and Effective Tax Rates: Longitudinal Evidence from Malaysia [J]. Journal of Accounting and Public Policy, 2006 (25): 574 - 595.

[9] Faccio M. Politically Connected Firms [J]. America Economic Review, 2006, 96: 369 - 386.

[10] 潘越,戴亦一,李财喜. 政治关联与财务困境公司的政府补助——来自中国 ST 公司的经验证据 [J]. 南开管理评论, 2009 (5): 6 - 17.

[11] 余明桂,回雅甫,潘红波. 政治联系、寻租与地方政府财政补贴有效性 [J]. 经济研究, 2010, 45 (3): 65 - 77.

［12］罗党论，刘晓龙．政治关系、进入壁垒与企业绩效——来自中国民营上市公司的经验证据［J］．管理世界，2009（5）：97－106.

［13］罗党论，唐清泉．政治关系、社会资本与政策资源获取：来自中国民营上市公司的经验证据［J］．世界经济，2009（7）：84－96.

［14］连军，刘星，杨晋渝．政治联系、银行贷款与公司价值［J］．南开管理评论，2011（5）：48－57.

［15］Leuz C., Oberholzer - Gee F. Political Relationships, Global Financing, and Corporate Transparency：Evidence from Indonesia［J］. Journal of Financial Economics, 2006（81）：411 - 439.

［16］Infante, Luigi, M. Piazza. Do Political Connections Pay Off? Some Evidences from the Italian Credit Market［J］. Bank of Italy, Working Paper, 2010.

［17］于蔚，汪淼军，金祥荣．政治关联和融资约束：信息效应与资源效应［J］．经济研究，2012（9）：125－138.

［18］王凤翔，陈柳钦．地方政府为本地竞争性企业提供财政补贴的理性思考［J］．经济界，2005（6）：85－91.

［19］Cull R. and Xu L. C. Institutions, Ownership, and Finance：The Determinants of Profit Reinvestment among Chinese Firms, Journal of Financial Economics, 2005, 77（1）：117 - 146.

［20］吴文锋，吴冲锋，芮萌．中国上市公司高管的政府背景与税收优惠［J］．管理世界，2009（3）：134－142.

［21］Shleifer A, Vishny R., Politicians and Firms, Quarterly Journal of Economics, 1994, 109（4）：995 - 1025.

［22］罗党论，杨玉萍．产权、政治关系与企业税负——

来自中国上市公司的经验证据［J］. 世界经济文汇，2013（4）：1－19.

［23］Adhikari A. , Derashid C. , Zhang H. Public Policy, Political Connections, and Effective Tax Rates: Longitudinal Evidence from Malaysia［J］. Journal Accounting and Public Policy, 2006, 25（5）：574－595.

［24］吴联生. 国有股权、税收优惠与公司税负［J］. 经济研究，2009（10）：109－120.

第六章

政府补贴动机、实质及其影响因素研究

——基于传统产业与新兴产业的对比分析

　　本章以纺织上市公司和创业板上市公司为对比，分析政府补贴的动机、实质及其影响因素。结果发现，纺织上市公司的长期偿债能力与政府补贴显著正相关，现金实力与政府补贴显著负相关；而创业板上市公司的研发投入强度与政府补贴显著正相关，盈利能力与政府补贴显著正相关。进一步对政府补贴的明细进行解剖分析发现，纺织上市公司尽管也收到了许多的研发创新补助，但更多的是财政拨款贴息与产业发展补助，而创业板上市公司政府补贴中占比最多的恰好是研发创新补助，平均是纺织上市公司创新补助的两倍，其次是税收返还与奖励。本章的研究结果表明，我国对传统产业，比如纺织行业，政府补贴更多的是"补弱"；而对新业的行业，比如以创业板市场为代表的企业，则更多地是从产业发展的角度，鼓励其研发与创新，是一种补强。

一、引　言

在我国经济转型和产业结构升级的背景下，政府补贴作为一种重要的宏观经济调控手段，对加快我国产业结构调整和升级起着重要作用。但是政府补贴也带来诸多弊端，如助长了寻租行为，对企业长期生产力发展不利；同时也引发对政府补贴社会公平性问题的拷问。因此本章将分析政府补贴的动机、实质以及影响因素，并以纺织上市公司和创业板上市公司为例进行实证检验，期望为我国政府以补助方式对企业进行干预，以实现宏观经济发展目标提供政策建议。

纺织行业是我国传统优势产业的代表，曾在国家积累资金、出口创汇、解决就业等问题方面发挥了重要的作用。但是随着经济的发展，行业产能过剩、资源消耗偏大、环境污染严重等问题日益暴露，单纯依靠消耗自然资源和发挥廉价劳动力的优势不再。经济全球化进一步加深、全球范围内产业结构调整加快、后金融危机时代来临带来一系列的机遇与挑战，纺织行业也面临着很大的竞争压力和转型的阵痛，需要从主要依靠劳动力比较优势向主要依靠创新驱动转变，以推动自主研发、引进消化，加快技术改造，淘汰落后设备，提高劳动生产率，提高科技和品牌对纺织经济增长的贡献率。

创业板上市公司则是我国新兴产业的代表，提高经济发展的科技含量，增强自主产业的发展潜力，推动、加快经济结构转型和升级，是我国今后的产业发展方向，也是增强我国综合国力与竞争力的必要路径。而大力发展高新技术产业，扩张和强化资本或技术密集型产业，有选择、有重点、有突破地发展智力密集型或知识密集型产业是我国现阶段的重要任务。创业板市场作为"科技企业成长的摇篮"，主要目的是扶持中小企业，为中小企业融资提供有效的途径。因此，以纺织上市公司和创业板上市公司的政府补贴情况进行对比分析，将有助于了解我国现阶段的政府行为与政府干预措施，并为政策实施与政策评价提供参考意见。

二、政府补贴动机分析

从经济学的角度来说，政府补贴的主要目的是为了调节市场失灵，通过政府干预对资源进行再分配以达到政策期望的结果；而从政治学的角度来说，政府补贴主要是为了达到某种政治目标，如应对失业问题，对能够创造大量就业机会的企业给予重点扶持；政府业绩显示与晋升问题，提升地方经济实力，吸引更多的投资。近年来关于政府补贴动机的研究成果颇丰，而其结论也各有不同。

（一）处于财务困境的企业是否更容易获得政府救助

研究表明，由于上市公司在地方经济发展中的地位以及对地方知名度的提升，地方政府会积极扶持企业上市，对已经上市的企业往往积极注入财力以取得配股资格或者保留上市资格，尽管随后龚小凤（2006）的研究表明，地方政府补贴对企业配股资格的影响呈下降趋势，但是，一旦公司被 ST，地方政府会采取多种形式对上市公司进行财政补助。邹彩芬等（2006）也发现政府补贴直接助长了企业短期偿债能力。田笑丰（2012）也指出政府对陷入财务困境的上市公司提供财政补助是一种普遍的救助行为。申香华（2010）发现，政府在进行财政补助时倾向于向成长性较好的公司，同时在补助面上对亏损上市公司也有照顾。邵敏等（2011）研究表明，市场竞争力较强的企业更易获得地方政府的补助，但在获取补助的企业中市场竞争力弱的企业越易于得到更高程度的补助；地方政府在通过补助扶持开发力度较高或者全要素生产率较高企业的同时，也通过"深化补助"保护着一些亏损企业或市场竞争力较弱的企业。

地方政府因为社会管理者角色意识，有通过政府补贴减少失业率，维持高就业率的政治动机。王凤翔，陈柳钦（2007）也发现地方政府给予本地竞争性企业政府补贴的动机包括增加地方就业，维持地区经济的稳定性。唐清泉等（2007）发现上市公司的员工比例、提供公共产品以及高税率等与政府补贴显著正相关，这表明政府补贴在维护社会目标方面起着很大的作用，其中首推的是就业目标。

但是，也有研究对于政府补贴的救困和就业动机给予了相反的证据。如刘浩（2002）的研究否认了地方政府通过财政补助对上市公司进行盈余管理。黄蓉等（2011）发现政府补贴不但没有保壳的动机，也不存在培优的动机；相反的，公司规模越大，获得补助的概率越高、金额越大，无须保壳的公司所在地区和所属行业是影响所获得补助的金额和概率的重要因素。吕久琴（2011）也证实规模是影响企业获取政府补贴的首要因素。

（二）研发创新能力强的企业是否能获得更多补助

由于创新的溢出效应以及"搭便车"行为，为对创新实施者给予补偿，政府有必要给予研发企业补助。政府补贴也是使 R&D 的外部性内部化的机制之一。企业研发投资越多，技术创新能力越强，政府给予的补助就会越多，政府在 R&D 投资成本足够高时介入市场，提供出口补助。那些有明显能力确保项目成功的企业更有可能获得政府补贴，而那些需要创新融资支持的企业获得补助的可能性越低。我国的政府补贴通常都是以配套项目的形式实施，除了给予研发与创新补助。谢建国等（2012）基于三阶段古诺竞争模型基础的研究显示，如果企业研发活动能够获得政府的创新补助，低研发效率情况下的高技术溢出可以提升企业利润水平，进一步促进企业的研发投入，政府不管是实行竞争型创新补助政策还是合作型创新补助政策，对企业的创新激励作用都比实行严格的专利保护制度显著，因而政府优先补助那些低成本、高效率的创新行为更容易促进国民福利水平的提高。以上研究表明，在补助对象的选择上，政府似乎更倾向于对研发与创新能力强的企业给予补助。

（三） 符合产业发展政策的企业是否更能获得政府补贴

实践表明，政府补贴是政府推动相关地区相关产业发展的重要而有效的方式。通过政府补贴，促进相关产业的发展、升级，并迅速提高某一地区某种产业的集聚程度，从而带动地方经济的发展或提升地方的经济实力，或加快培育和发展战略性新兴产业，促进产业结构转型升级和实现地方经济可持续发展。据统计，2011年有63家A股上市公司累计获得约39.01亿元政府补贴，其中新兴产业（包括软件开发、LED、环保工程及服务、金属新材料、磁性材料、航空航天设备等）获得超过一半的补助。市场竞争力较强的企业更易获得地方政府的补助。对无法达到政府希望既定目标的企业，政府通常采取补助来加以"利益诱导"。

三、政府补贴实质分析

（一）纺织上市公司政府补贴实质分析

纺织上市公司 254 个样本 2009～2011 年三年的政府补贴总额与明细如表 6-1 所示。

表6-1   纺织上市公司 2009～2011 年政府补贴明细及其比重

政府补贴种类	政府补贴金额（万元）	补贴项数（项）	比重（％）
财政拨款贴息	72183.24	83	31.78
研发创新补贴	42783.06	36	18.84
产业发展补贴	44676.88	22	19.67
进出口补贴	7106.50	16	3.13
劳动用工补贴	10083.46	14	4.44
基础设施等补贴	27802.83	16	12.24
节能减排补贴	4970.11	8	2.19
税收优惠	25384.73	7	11.18
其他补贴	64327.70	3	28.32
财政补贴总计	299318.52	205	100.00

从表 6-1 可以看出，政府补贴按总额 299318.52 万元计算，平均每个样本 3 年共获得补贴金额 1178.42 万元。纺织上市公司的政府补贴名目繁多，高达 205 项。我们将其按经济实质分为 9 大类。其中研发创新补助有各类明细 81 项，占比 14.29％。包括技

术改造、挖潜、生产线改造资金，增速提效奖励，专利、商标补助，品牌建设资金，技术中心建设资金，人才补助，联合研发、校企合作资金，成果转化资金，重点产业调整和振兴、新型工业化、新兴产品补助资金以及标准化认证资金等。纺织上市公司的政府补贴重点在传统产业的转型，加快产业技术改造和升级，以淘汰落后产能，增强自主创新能力，提高产品附加值，实现产业转型升级。

产业发展补助类别有各类明细 38 项，占比 14.93%，若与进出口贸易补助相加，则占比达 17.3%，远超研发创新类补助，这可能与纺织行业因原材料劳动力价格上涨成本上升以及人民币持续升值而带来的发展困境有关。全球经济危机的爆发，行业出口形势急速恶化。占比最大的还是财政拨款贴息类，达 24.12%。劳动用工补助不包括人才补助，是针对普通劳动者的补助，包括就业社保补助、职工安置费等。

（二）创业板上市公司政府补贴实质分析

创业板上市公司 520 个样本 3 年的政府补贴总额及明细如表 6-2 所示。按补助总额 402660.79 万元计算，平均每个样本 3 年共获得补助金额 774.35 元，略低于纺织上市公司的获得的补助数。创业板上市公司中，研发与创新补助资金占比高达 31.19%，是纺织上市公司的 2 倍多，增值税及其他税费返还补助金额紧随其后，占比 24.62%，说明创业板上市公司主要是以税费返还的形式获得政府补贴。

纺织上市公司和创业板上市公司都获得了数量不菲的政府补贴资金，而纵观我国上市公司，都获得了数量不等且不菲的政府补贴，这也带来了对政府补贴公平性问题的拷问。传统产业与新兴产业是我国产业发展的两极，纺织行业是我国传统产业的代表，政府需要扶持，并促其转型。创业板上市公司是我国新兴产业和中小企业的代表，政府也需要培育，发挥其创新先锋的带头作用。同时传统产业也有数量不菲的就业人口，新兴产业也是新的就业大军的吸纳地，因此，政府两面都要照顾，两面都无法舍弃。这也造成了政府补贴是一种"撒豆子"式的由点到面，"雨露均沾"模式，而其实际作用效果势必要大打折扣。

表 6 – 2 　　创业板上市公司 2009 ~ 2011 年政府补贴明细

政府补贴种类	政府补贴金额（万元）	比重
研发与创新补助	125600.58	31.19
增值税及其他税费返还	99128.79	24.62
财政补助	45714.24	11.35
上市补助	37926.85	9.42
奖励与鼓励补助	22115.16	5.49
其他	72175.16	17.92
政府补贴总额	402660.79	100.00

四、政府补贴决定因素实证分析

（一）研究设计

1. 样本选择与数据来源

本章的样本为纺织上市公司和创业板上市公司 2009 ~ 2011

年的数据，剔除政府补贴数据不全的上市公司，本章共获得248个纺织上市公司样本和520个创业板上市公司样本，其中纺织上市公司各年都为86家，创业板上市公司2009年55家，2010年181家，2011年284家。本章所使用的数据包括公司基本信息、公司获得的政府补贴收入信息、研发投入信息和其他财务信息，公司的基本信息和获得的政府补贴收入、研发投入数据来自各上市公司在巨潮资讯网中公布的年报，手工收集。其他财务信息来自CCER数据库。

2. 变量的选取

因变量为政府补贴强度（Subsidy），自变量为技术创新（Innovation）、偿债能力（Solvency）与盈利能力（Profitability）。技术创新以研发投入与创新能力表示；偿债能力以长期偿债能力与短期偿债能力表示；而盈利能力以资产净利率、权益净利率和销售净利率表示。控制变量为成长性、资本支出率、现金实力以及企业规模、所在地区。具体各变量定义或解释如表6－3所示。

表6－3　　　　　　　　变量的符号与计算方法

变量名称		变量符号	变量计算方法
政府补贴强度		Subsidy	政府补贴/总资产
研发投入强度		R&D	研发投入/营业收入
创新能力		Patent	专利申请量
偿债能力（Solvency）	长期偿债能力	Ldebt	负债总额/资产总额
	短期偿债能力	Sdebt	流动负债/流动资产

变量名称		变量符号	变量计算方法
现金实力		Cash	期末现金及现金等价物余额/总资产
盈利能力 （Profitability）	资产净利率	ROA	净利润/总资产
	权益净利率	ROE	净利润/期末权益总额
	销售净利率	ROS	净利润/营业收入
成长性		Growth	销售收入增长率（本期营业收入 – 上期营业收入）/本期营业收入
资本支出率		Capex	购建固定资产、无形资产和其他长期资产所支付的现金/总资产
企业规模		Size	营业收入取对数
所在地区		Location	虚拟变量，东部地区为 1，中西部地区则为 0

3. 模型设定

为检验政府补贴的影响因素，我们建立了如下模型：

$$Subsidy = \alpha + \beta_1 R\&D + \beta_2 Solvency + \beta_3 Profitability$$
$$+ \beta_4 Controls + \varepsilon$$

其中 Controls 表示控制变量。

（二） 结果分析与讨论

我们利用模型分别对创业板上市公司和纺织上市公司样本数据进行了回归，将偿债能力和盈利能力指标逐步放入模型中回归。

纺织上市公司的回归结果如表 6 - 4 所示。

如表 6 - 4 所示，研发投入和专利都与政府补贴强度尽管正相关，但是不显著。长期偿债能力与政府补贴在 10% 的显著性水平下正相关，短期偿债能力与政府补贴正相关，不显著，现金实力与政府补贴分别在 1% 和 5% 的显著性水平下负相关。控制变量中，纺织上市公司所在地区与政府补贴都在1% 的显著性水平下负相关。说明越是中西部地区，纺织上市公司所获的补助越多。政府补贴对纺织上市公司而言是一种"雪中送炭"。

创业板上市公司的回归结果如表 6 - 5 所示。

如表 6 - 5 所示，研发投入强度以及专利的政府补贴在 1% 的显著性水平下正相关，创业板上市公司每进行一份研发投入几乎获得了同样幅度的政府补贴收入。以资产利润率、权益净利率以及销售净利率度量的盈利能力都在 1% 的显著性水平下与政府补贴正相关，从而支持了越是盈利能力强的创业板上市公司越是获得了更多的政府补贴。政府补贴对创业板上市公司而言是一种"锦上添花"。第（3）列长期偿债能力与政府补贴负相关，第（5）列却与政府补贴正相关，第（4）列短期偿债能力与政府补贴在 10% 的显著性水平下正相关，而第（6）列与政府补贴在1% 的显著性水平下负相关，说明偿债能力没有通过稳健性检验，偿债能力不能作为影响创业板上市公司政府补贴的因素。控制变量中企业规模与政府补贴在 1% 的显著性水平正负相关，说明越是规模小的企业获得的政府补贴越多，由于创业板上市公司主体是中小企业，所以政府补贴也是一种培植中小企业的方式。从这种意义上说，政府补贴是一种"补强"。

表6-4　纺织上市公司的回归结果

	(1)	(2)	(3)	(4)	(5)	(6)	(7)
常数项	0.0117*** (0.0041)	0.0135*** (0.0074)	0.0128*** (0.0082)	0.0109*** (0.0041)	0.0119*** (0.0054)	0.0112*** (0.0049)	0.0121*** (0.0092)
研发投入	0.0485 (0.1416)		0.0511 (0.1250)	0.0471 (0.1532)	0.0497 (0.1361)	0.0459 (0.1650)	0.0487 (0.1443)
专利		0.0031 (0.4739)					
长期负债	0.0003* (0.0942)	0.0004** (0.0324)		0.0003* (0.0774)		0.0003* (0.0764)	
短期负债			0.0002 (0.2964)		0.0002 (0.2682)		0.0002 (0.2737)
现金实力	-0.0079*** (0.0109)	-0.0082*** (0.0099)	-0.0073** (0.0249)	-0.0084*** (0.0056)	-0.0079** (0.0140)	-0.0086*** (0.0052)	-0.0080** (0.0134)
资产利润率	-0.0030 (0.3839)	-0.0026 (0.4482)	-0.0033 (0.3320)				
权益净利率				0.0001 (0.8168)	0.0001 (0.8175)		

续表

	(1)	(2)	(3)	(4)	(5)	(6)	(7)
销售净利率	0.0071 (0.3107)					0.0007 (0.6806)	0.0006 (0.7288)
资本支出率		0.0067 (0.3536)	0.0077 (0.2709)	0.0059 (0.3982)	0.0064 (0.3584)	0.0057 (0.4122)	0.0063 (0.3680)
成长性	-0.0001 (0.1636)	-0.0001* (0.0802)	-0.0001 (0.2897)	-0.0001 (0.1552)	-0.0001 (0.2824)	-0.0001 (0.1503)	-0.0001 (0.2806)
企业规模	-0.0002 (0.5556)	-0.0003 (0.4670)	-0.0003 (0.4917)	-0.0002 (0.6174)	-0.0002 (0.5543)	-0.0002 (0.5963)	-0.0002 (0.5379)
所在地区	-0.0028*** (0.0051)	-0.0029*** (0.0042)	-0.0027*** (0.0067)	-0.0027*** (0.0058)	-0.0026*** (0.0078)	-0.0027*** (0.0062)	-0.0026*** (0.0083)
调整的 R^2	0.0249	0.0256	0.0213	0.0234	0.0194	0.0237	0.0196
F 统计值	2.5019**	2.4948	2.2791**	2.4100**	2.1637**	2.4251**	2.1724**
D-W 值	1.9844	2.0025	1.9870	1.9828	1.9846	1.9829	1.9845

注: ***、**、* 分别表示在 1%、5% 以及 10% 水平下显著，括号内数值表示对应系数的 t 统计量的 p 值。下同。

表6-5 创业板上市公司回归结果

	(1)	(2)	(3)	(4)	(5)	(6)	(7)
常数项	0.0326*** (0.0117)	0.0683*** (0.0001)	0.0318*** (0.0140)	0.0366*** (0.0072)	0.0456*** (0.0010)	0.1074*** (0.0000)	0.1088*** (0.0000)
研发投入	1.0032*** (0.0000)		0.9994*** (0.0000)	0.9996*** (0.0000)	0.9994*** (0.0000)	1.0216*** (0.0000)	1.0339*** (0.0000)
专利		0.0111*** (0.0001)					
长期偿债能力	-0.0034 (0.2008)	-0.0022 (0.5299)		-0.0163*** (0.0000)			
短期偿债能力			0.0000 (0.6587)		0.0001* (0.1077)		-0.0002*** (0.0001)
资产利润率	0.1066*** (0.0000)	0.1122*** (0.0000)	0.1061*** (0.0000)			0.0068*** (0.0327)	
权益净利率				0.0711*** (0.0000)	0.0587*** (0.0000)		
销售净利率						0.0262*** (0.0000)	0.0306*** (0.0000)

续表

	(1)	(2)	(3)	(4)	(5)	(6)	(7)
现金实力	-0.0001 (0.4215)	-0.0000 (0.8669)	-0.0001 (0.4701)	-0.0001 (0.3821)	-0.0001 (0.5929)	-0.0001 (0.4673)	-0.0001 (0.4369)
资本支出率	-0.0174*** (0.0014)	-0.0194*** (0.0051)	-0.0183*** (0.0008)	-0.0163*** (0.0039)	-0.0197*** (0.0007)	-0.0146*** (0.0163)	-0.0160*** (0.0076)
成长性	0.0007 (0.3141)	-0.0008 (0.4016)	0.0010 (0.1661)	0.0007 (0.3555)	0.0015 (0.0515)	-0.0007 (0.4057)	-0.0010 (0.2240)
企业规模	-0.0017*** (0.0075)	-0.0032*** (0.0001)	-0.0017*** (0.0072)	-0.0017*** (0.0105)	-0.0023*** (0.0006)	-0.0052*** (0.0000)	-0.0051*** (0.0000)
所在地区	0.0003 (0.6846)	0.0005 (0.6206)	0.0004 (0.6448)	0.0002 (0.8248)	0.0006 (0.4922)	0.0010 (0.2542)	0.0011 (0.2050)
调整后的 R^2	0.5320	0.4007	0.5306	0.4970	0.4709	0.4160	0.4277
F 统计值	72.8869***	32.6808***	72.4960***	63.5006***	57.2821***	46.0588***	48.2734***
D-W 值	1.6737	1.7750	1.6831	1.7301	1.7673	1.7420	1.7457

五、本章小结

我国上市公司每年获得大量的政府补贴资金，本章分析了政府补贴的动机，并选取 2009～2011 年纺织上市公司和创业板上市公司为样本，实证研究了政府补贴的影响因素及其经济实质。研究发现，纺织上市公司的偿债能力是影响政府补贴的主要因素，而创业板上市公司的研发投入以及盈利能力是影响政府补贴的主要因素。

进一步对政府补贴的明细进行分析表明，纺织上市公司的政府补贴虽然也有技术创新与技术挖潜，促其转型，但更多的是产业发展补助以及政府拨款贴息，也就是在宏观形势严峻，出口贸易受损的情况下维持纺织企业的发展。而创业板上市公司的补助更多的是研发与创新补助，其目的是培育新兴产业、壮大中小企业力量。换一句话说，对纺织行业这类传统产业来说，政府补贴是一种"雪中送炭"，而对创业板这类新兴与高技术产业来说，政府补贴则是一种"补强"和"锦上添花"。

参考文献：

[1] 邹彩芬，许家林，王雅鹏. 政府财税补贴政策对农业上市公司绩效影响实证分析 [J]. 产业经济研究，2006（3）：53－59.

[2] 陈晓，李静. 地方政府财政行为在提升上市公司业绩中的作用探析 [J]. 会计研究，2001（12）. 20－28.

[3] 龚小凤. 地方政府与上市公司盈余管理——非经常性损

益出台后的影响 [J]. 华东经济管理，2006，20（2）：121 -
126.

　　[4] 田笑丰，肖安娜. 政府补助对财务困境上市公司获利能
力影响的实证研究 [J]. 财会研究，2012（19）：49 - 52.

　　[5] 申香华. 营利性组织财政补贴的成长性倾向及其反哺效
应——基于 2003 ~ 2006 年河南省上市公司的研究 [J]. 经济经
纬，2010（9）：115 - 119.

　　[6] 邵敏，包群. 地方政府补贴企业行为分析：扶持强者还
是保护弱者？[J]. 世界经济文汇，2011（1）：56 - 72.

　　[7] 王凤翔，陈柳钦. 地方政府为本地竞争性企业提供财政
补贴的理性思考 [J]. 经济界，2005（6）：85 - 91.

　　[8] 唐清泉，罗党论. 政府补贴动机及其效果的实证研究——
来自中国上市公司的经验证据 [J]. 金融研究，2007（6）：149 -
163.

　　[9] 刘浩. 政府补助的会计制度变迁路径研究 [J]. 当代经
济科学，2002（3）. 80 - 84.

　　[10] 黄蓉，赵黎鸣. 政府补助：保壳还是培优 [J]. 暨南
学报，2011（1）：66 - 73.

　　[11] 吕久琴. 政府补助影响因素的行业和企业特征 [J].
上海管理科学，2010，32（4）：104 - 110.

　　[12] 于斌斌. 传统产业与战略性新兴产业的创新链接机
理——基于产业链上下游企业进化博弈模型的分析 [J]. 研究
发展与管理，2012（6）：100 - 109.

　　[13] 鲁文龙，陈宏民. 最优产业政策与技术创新 [J]. 系
统工程理论方法应用，2004（4）：97 - 105.

　　[14] Heijs J. , Herrera L. The distribution of R&D subsidies

and its effect on the final outcome of innovation policy. Presented at the DRUID summer conference. http：//eprints. ucm. es/6828/1/ 46 – 04. pdf. 2004.

[15] 谢建国，周春华. 研发效率、技术溢出与政府的创新补贴 [J]. 南方经济，2012（1）: 28 – 38.

第七章

政府补贴、企业研发实力及其
行为效果研究

　　本章基于政府补贴带来企业的额外行为效应理论，以医药上市公司为样本，研究政府补贴是否促进了企业 R&D 投入的增加，企业技术实力是否具有调节效应；以及政府补贴是否具有信号传递效应，能否显著提高企业债务融资水平。研究结果表明，政府补贴与 R&D 投入显著正相关；企业技术资产与 R&D 投入正相关，研发人员与 R&D 投入强度负相关，两者均不显著；研发人员正向调节了政府补贴与 R&D 投入之间的关系。政府补贴发挥了积极的信号传递效应，与企业债务融资能力显著正相关。

　　医药产业是世界公认的最具发展前景的高新技术产业之一，而医药产品不仅是国际贸易量最大的产品之一，也直接关系人们的生命健康和生活质量的高低。作为技术创新最具深度和广度的产业之一，医药行业的主要特征是新产品或者新技术的 R&D 推进行业的进步。从药物 R&D 到新药上市是一个漫长的过程，通常需要 7 年左右的时间，新药 R&D 是一个投入高、周期长、风险大的过程，对于医药企业是巨大的挑战。尽管医药制造业是我国制造业中 R&D 投入强度最大的行业之一，但是，医药 R&D 力量大多集中在科研院所与高校，制造企业相对薄弱，仅60%左右的企业设有研发机构或从事R&D活动。长期以来，我国医药企业的产品研发以仿制为主，只能生产通用名药物和低端产品，获利微薄，R&D能力严重缺失，普遍新品种开发力度不足，拥有自主知识产权的独创品种很少。

医药产业不仅具有商业性质，还兼有公益性质。加大政府投入以带动更多企业的R&D支出是各国政府的普遍做法。美国联邦政府对医药的基础研究经费投入每年超过300亿美元，其资助额度仅次于国防工业，许多州还专门设有科学技术基金、研究基金、风险投资基金、种子基金等以及各类税收减免政策来直接或间接支持医药产业发展。未来我国不仅是一个老龄化社会，而且将加速进入高龄化阶段。数量庞大且不断增长的老龄化高龄化人口，必将带来巨大的医疗卫生需求，给我们医药产业带来更艰巨的挑战。由此我国政府出台了许多鼓励政策，并且有大量相应的经费补贴投入其中，其中很大一部分资金是针对研发的支出，发改委、科技部等有关部门每年均要提供数额可观的资金项目加以配套。

企业R&D投入不足通常是因为两类市场失灵：创新的溢出效应以及融资约束。政府技术资助的主要目的是为了降低技术创新的成本，激励企业增加技术创新投入。政府补贴的结果不仅能弥补企业研发资金不足问题，还能够产生额外行为，这种行为通常是指由于政府扶持而引起的企业技术策略的改变或企业行为的永久性或持续性的改变。本章研究政府补贴是否有效促进了企业更多的研发投入，企业技术实力是否具有调节效应，能否影响政府补贴对企业研发投入的传导机制；以及政府补贴是否具有信号传递效应，能否使得上市公司获得更多的信用。

一、政府补贴对企业研发投入
影响的作用机理研究

政府对企业 R&D 补助通常有税收减免、直接财政补贴或合作研发、政府采购等多种形式。研究表明，政府 R&D 补助可能存在"杠杆效应"或"互补效应"，也可能存在"替代效应"或"挤出效应"。

由于市场的失效和寻租，社会研发投入是过量的，单个企业的研发投资却不足。政府补贴企业 R&D 活动一方面可以弥补由于外部性所造成的企业研发投入不足，解决企业研发成本过高的问题，从中体现出政府"帮助之手"在调节市场失灵方面的作用；另一方面政府补贴具有额外行为，从而引起企业技术研发活动的改变。政府项目对企业会产生三类额外行为的影响：额外投入，如 R&D 投入的增加；额外行为，即资助引起企业行为方面的永久变化；额外产出，如企业的增长，雇员人数的增加或专利数量的增加。政府资助企业创新会产生三种额外的效果：R&D 活动的增加；产品改进活动的增加以及新产品开发活动的增加，他们（Hewitt - Dundas，2003）分析了 1994~2002 年爱尔兰和北爱尔兰数据，结果表明政府的科技资助对 3 个方面都有正向影响。郭晓丹等（2010）实证发现，虽然政府补贴没有直接带来企业研发支出的增加，但是企业在政府补贴影响下获得更多专利的结果却表明政府研发补贴确实能够为企业指明技术攻关方向，激励企业积极参与研发创新活动。

假设 1：政府补贴对企业 R&D 投入存在杠杆效应，企业

R&D 投入随着政府补贴的增多而增加。

二、政府补贴能否使企业获得更多的可用于研究投入的信贷资金

　　企业的技术创新投资需要投入巨额的资金，而且不能立即获得现金流入，急需外部资金流。但是当资金用于以技术 R&D 为目的的投资项目时，由于收益的高风险、不确定性以及 R&D 投入项目的信息不对称性与难以评估性，资金提供者不能充分了解创新项目而使企业难以获得来自银行等外部债权人提供的融资，或将面对昂贵的资金价格而难以承受。

　　而政府 R&D 补贴不但弥补企业 R&D 资金缺口还会产生额外行为，这种行为能够使获得补贴企业自身的行为发生改变，也可能会使其他企业或机构对获得补贴企业的行为发生改变，原因在于政府补贴在一定程度上向外界传达了有关企业发展质量和 R&D 项目良好发展潜力等方面的信息。政府机构的行为例如认证新产品、批准新专利或给予补贴可以作为给其他投资者发出的一个信号，这一认证信号在那些银行很难做出风险收益评估的 R&D 项目筹资中尤为重要。并实证检验发现获取政府 R&D 补贴的企业与获得风险资本的机会正相关。特别是，当担任项目评估的政府机构在评估的独立性、高标准与科学完整性上都享有较高声誉时，政府补贴能起到证明 R&D 项目未来的收益前景的作用。政府对补贴申请者进行事前筛选这一选择程序可能给市场投资者提供了有价值的信息。而获得政府补贴的企业好似头戴一个"光环"并影响到银行对企业 R&D 的评估，可能增加对企业技术

R&D 活动的贷款。

刘静，周步云（2008）发现获得政府补贴与未获得补贴的公司相比，拥有更高的商业信用和短期银行信用、较低的股权信用，企业在获得政府直接补贴的同时，还提高了其在银行和产业链上获得资金的优势。吕久琴，郁丹丹（2011），高艳慧等（2012）认为政府补贴充当了一种信号传递的作为，表明了政府对企业研发项目的支持和肯定态度，可以向外界传递企业研发投入具有重大价值的信号，能降低研发企业与外部投资者之间的信息不对称。据此我们推测，对研发项目难以评估其真实价值的债权人或商业银行可能接收到这种信号，而有意愿给企业提供更多的信用。

假设 6：企业的 R&D 投入强度与企业的债务融资水平负相关。

假设 7：政府补贴与企业的债务融资水平正相关。

假设 8：政府补贴充当了积极的信号作用，对 R&D 投入强度与企业的债务融资关系起正向调节作用。

三、企业技术实力是否具有调节效应

研发实力是企业进行技术创新活动的重要保障，也是影响企业研发投入的重要因素之一，它包含两个方面的因素：一是技术资产的实力，二是研发人员的实力。

技术资产是指无形资产中以技术为核心的资产，如专利权、电脑软件、技术诀窍、人才技术素质和能力、研究与开发支出、产品创新等。企业 R&D 的资产实力主要由企业技术资产的拥有量来反映。企业技术资产的质量与数量，以及一些过去发展起来的独特能力会影响企业当前的研发与创新活动，因为创新具有路径依赖性，以前积累起来的知识决定了当前企业 R&D 的学习能力和吸收能力，而知识的积累是通过技术资产获得而预先存在的资源，因此企业拥有的技术资产越多，其识别 R&D 的新机会的能力将越强。同时，技术资产占有强度大的企业在进行 R&D 投入和技术创新时，会有更大的主动性。

而研发人员是企业最具创造力和价值的成员以及最重要的资产。技术资产是企业进行 R&D 活动与技术创新的物的要素，而研发人员是企业 R&D 活动得以实施、技术创新得以实现的人的要素，同时也是最主要、最核心的投入要素。研发人员薪酬在 R&D 支出总额中比重较大，研发人员的数量与质量直接影响技术资产的使用与消耗等支出，影响研发活动是否顺利完成，其成果与价值的取得，也间接影响到企业高层管理人员对新项目研发的成功与否的预判，从而影响了他们对研发经费投入的决定。企业人力资源储备越高，其从事 R&D 活动的可能性就越大。实证样本也发现企业 R&D 支出与 R&D 人员数量正相关。

我国政府补贴通常采取的原则是"扶优扶强"和产业导向，地方政府更是将市场竞争力较强的企业作为其补贴对象。在国家资助企业技术创新项目申报程序中，研究队伍或人才队伍这一指标极为重要，它往往成为企业能否拿到资助的关键所在。通常在国家评定高科技企业的标准中有很重要的一项指标就是从事高新技术产品研究、开发的科技人员的比重。一些企业为获取政府的科研支持高薪聘请高校学者、研究员到企业挂名，企业与学界结合成利益共同体，尽管这是一种被包装过的研发团队，但是也反映了研发人员比重在获取政府补贴中的重要性。

假设 2：企业拥有技术资产越多，企业 R&D 投入也就越多。

假设3：政府技术补助与企业 R&D 投入的关系将随着企业技术资产的拥有量得以加强。

假设4：企业研发人员比重越高，则 R&D 投入越多。

假设5：政府技术补助与企业 R&D 投入的关系将随着企业研发人员比重的增加得以加强。

四、政府补贴作用机理实证分析

（一）研究设计

1. 样本选取与数据来源

以我国沪深 A 股医药行业上市公司 2008～2010 年年度财务报告为依据，剔除被 ST 以及研究数据有欠缺的样本，这样最终收集得到 51 个样本公司 3 年的数据。企业研发支出、技术资产、研发人员以及政府补贴等数据均从相关样本财务报表中手工收集，其他数据来源于 CCER 数据库。

2. 模型构建

为了检验前述的假设，构建如下多元回归模型：

模型1：$R\&D = \alpha + \beta_1 Subsidy + \beta_2 Controls + \varepsilon$

模型2：$R\&D = \alpha + \beta_1 Subsidy + \beta_2 Intangibles_{t-1} + \beta_3 Controls + \varepsilon$

模型3：$R\&D = \alpha + \beta_1 Subsidy + \beta_2 Intangibles_{t-1} \times Subsidy + \beta_3 Controls + \varepsilon$

模型 4：$R\&D = \alpha + \beta_1 Subsidy + \beta_2 R\&DStaff_{t-1} + \beta_3 Controls + \varepsilon$

模型 5：$R\&D = \alpha + \beta_1 Subsidy + \beta_2 R\&DStaff_{t-1} + \beta_3 R\&DStaff_{t-1} \times Subsidy + \beta_4 Controls + \varepsilon$

模型 6：$Debt = \alpha + \beta_1 R\&D + \beta_2 Controls + \varepsilon$

模型 7：$Debt = \alpha + \beta_1 R\&D + \beta_2 Subsidy + \beta_3 Controls + \varepsilon$

模型 8：$Debt = \alpha + \beta_1 R\&D + \beta_2 Subsidy \times R\&D + \beta_3 Controls + \varepsilon$

每一个模型对应着书中的相应假设。考虑到技术资产与研发人员对 R&D 投入影响的滞后效应，因此我们将取技术资产、研发人员的滞后一期变量。本章采用计量软件 EVIEW6.0 对数据进行处理与分析。进行回归分析时，我们对自变量和调节变量进行了中心化变换，即变量减去均值，做层次回归分析。

3. 变量说明

模型 1~5 中的因变量为研发投入强度 R&D。自变量为政府补贴（Subsidy）、技术资产比重（Intangibles）和研发人员比例（R&D Staff）。模型 6~8 的因变量为企业债务水平（Debt），自变量为 R&D 投入强度，政府补贴（Subsidy）。控制变量为企业盈利能力，企业规模，最终控制人类型以及企业所处地区。

各项指标的计算方法归纳如表 7-1 所示：

表 7-1　　　　　　　　变量的选取及计算方法

符号	含义	变量取值方法及说明
R&D	R&D 支出	R&D 支出/主营业务收入
Subsidy	政府补贴	政府 R&D 补助总额/资产总额
Intangibles	技术资产	专利权、软件、专有技术等技术性无形资产/总资产

符号	含义	变量取值方法及说明
R&DStaff	研发人员	研发人员数量/企业员工总数
Profitability	盈利能力 ROS	利润总额/主营业务收入
Debt	债务水平	期末负债总额/资产总额
Size	企业规模	Ln（主营业务收入）
Controllers	最终控制权人类型	虚拟变量，国有股 =1，其他 =0
Location	企业所处地区	虚拟变量，东部地区 =1，中西部地区 =0

（二）回归分析与结果讨论

1. 描述性统计分析

通过描述性统计从表 7 - 2 可知，我国医药上市公司 R&D 投入强度的均值仅为 3.01%，按照史坦普行业分类标准统计，制药业的研发投入强度为 12.8%，其他一般行业为 3.9%。美国境内的制药公司支出占其销售额比例，由 1970 年的 11.4% 增长到 2000 年的 17%。而我国医药企业 R&D 投入普遍不足，且两极分化严重，投入最高的比重达到 44.71%，而很多企业有的年度几乎无 R&D 支出。

政府补贴平均值为 0.53%，各企业之间差异不大。我国政府的这种"撒胡椒面式"的补贴方法针对性太差，无法带动企业的技术创新。技术资产仅为 1.27%，最大值为 10.07%，普遍不高。研发人员平均值仅为 15.33%，说明我国医药上市公司普遍存在着研发队伍规模偏小的问题，而且企业间研发人员数量差异显著，比如最大值可以达到 61% 。而最小值却只有 0.95%。
资产负债率的平均值为 41.24%，比较适中。

表 7-2　　　　　　　　　　　　描述性统计

	平均值	中位数	最大值	最小值	标准差
R&D 投入	0.0301	0.0086	0.4471	0.0000	0.0697
政府补贴	0.0053	0.0030	0.0313	0.0000	0.0066
技术资产	0.0127	0.0060	0.1007	0.0000	0.0183
研发人员	0.1533	0.1261	0.6106	0.0095	0.1245
盈利能力	0.0910	0.0785	0.5962	-0.1543	0.0950
资产负债率	0.4124	0.4069	0.8780	0.0298	0.1870
规模	21.2254	21.0295	23.2932	19.5573	1.0089
最终控制人类型	0.5882	1.0000	1.0000	0.0000	0.4938
地区	0.5490	1.0000	1.0000	0.0000	0.4992

2. 相关分析

对模型进行多重共线性诊断以及分析如表 7-3 所示的相关性，发现模型不存在严重共线性。

3. 回归结果

（1）政府技术补贴对企业 R&D 投入影响的回归分析。

我们检验了影响 R&D 投入费用的主要影响因素。由于面板数据的豪斯曼检验统计量是 7.1432，p 值是 0.4141，故接受原假设，建立随机效应模型。结果见表 7-4。

表 7 - 3　　　　　各变量相关性

	R&D 投入	政府补贴	技术资产	研发人员	盈利能力	债务水平	规模	最终控制权人类型	所在地区
R&D 投入	1								
政府补贴	0.4713 ***	1							
技术资产	-0.0092	0.1671 **	1						
研发人员	0.0909	0.0574	-0.0107	1					
盈利能力	0.1382 *	0.1445 *	-0.0588	0.1755 **	1				
债务水平	-0.3191 ***	-0.1679 ***	0.1691 **	-0.1228	-0.5533 ***	1			
企业规模	-0.3700 ***	-0.2639 ***	-0.0004	-0.1530 **	0.0820	0.2927 ***	1		
最终控制权人类型	0.1420 *	-0.1832 **	-0.0281	0.1428 *	-0.1629 **	0.1191	-0.0815	1	
所在地区	0.1966 **	0.0843	-0.1865 **	0.1284	0.1819 ***	-0.0702	0.2102 ***	-0.0911	1

表 7 – 4   政府技术补贴对企业 R&D 投入影响的层次回归结果

		模型 1	模型 2	模型 3	模型 4	模型 5
控制变量	常数项	0. 3383 ** (0. 0104)	0. 3382 ** (0. 0112)	0. 3374 ** (0. 0112)	0. 3433 ** (0. 0104)	0. 3032 ** (0. 0212)
	所在地区	0. 0294 ** (0. 0198)	0. 0297 ** (0. 0217)	0. 0297 ** (0. 0212)	0. 0299 ** (0. 0196)	0. 0262 ** (0. 0393)
	最终控制权人	0. 0275 ** (0. 0139)	0. 0275 ** (0. 0149)	0. 0277 ** (0. 0142)	0. 0278 ** (0. 0138)	0. 0230 ** (0. 0363)
	企业规模	− 0. 0144 ** (0. 0254)	− 0. 0144 ** (0. 0271)	− 0. 0144 ** (0. 027)	− 0. 0147 ** (0. 0251)	− 0. 0130 ** (0. 0433)
	债务水平	− 0. 0824 ** (0. 0308)	− 0. 0836 ** (0. 0326)	− 0. 0825 ** (0. 0348)	− 0. 0825 ** (0. 0306)	− 0. 0607 * (0. 1074)
	盈利能力	− 0. 0019 (0. 9763)	− 0. 0024 (0. 9700)	− 0. 0031 (0. 9617)	0. 0005 (0. 9942)	− 0. 0138 (0. 8207)
自变量	政府补贴	0. 0269 *** (0. 0000)	0. 0268 *** (0. 0000)	0. 0274 *** (0. 0000)	0. 0269 *** (0. 0000)	0. 0230 *** (0. 0000)
	技术资产		0. 0008 (0. 8731)	0. 0010 (0. 8443)		
	技术资产 × 政府补贴			− 0. 0018 (0. 7418)		
	研发人员				− 0. 0016 (0. 7888)	0. 0022 (0. 7153)
	研发人员 × 政府补贴					0. 0212 *** (0. 0002)
调整后的 R^2		0. 2706	0. 2642	0. 2621	0. 2638	0. 3163
F 统计量		10. 3995 ***	8. 7978 ***	7. 7477 ***	8. 7798 ***	9. 7904 ***

从表 7 - 4 可以看出，政府补贴与企业研发投入的相关系数显著为正，技术资产与研发投入的相关系数为正，但不显著，技术资产与政府补贴的交互项不显著，说明技术资产与企业研发投入既没有直接关系，也对政府补贴与企业研发投入没有调节作用。假设 1 得到验证，假设 2、假设 3 没有得到证实。研发人员与研发投入的相关系数为负，但不显著；研发人员与政府补贴的交互项显著为正，并且调整后的 R^2 相差 0.0525（0.3163 - 0.2638），说明研发人员对政府补贴与企业研发投入有正向调节作用。假设 4 没有得到证实，而假设 5 得到验证。

（2）R&D 投入、政府补贴与企业债务水平的关系回归分析。

由于模型的豪斯曼检验统计量是 23.7707，p 值是 0.0013，故拒绝原假设，应建立固定效应模型。

从表 7 - 5 可以看出，R&D 投入与企业债务融资负相关，当引入政府补贴为自变量时，政府补贴与研发投入的相关系数为负，但是不显著，政府补贴与 R&D 投入的交互项为显著正，且调整后的 R^2 相差 0.0055（0.9411 - 0.9356），说明政府补贴对 R&D 投入与企业债务融资的关系存在显著性的正向调节效应。假设 6 与假设 8 得到验证，而假设 7 没有得到证实。

表 7 - 5　　　　政府补贴对企业债务融资的影响的层次回归结果

	模型 6	模型 7	模型 8
常数项	0.2999 (0.4458)	0.3124 (0.4272)	0.3030 (0.4209)
最终控制人类型	0.0408* (0.0566)	0.0398* (0.0630)	0.0360* (0.0784)

	模型 6	模型 7	模型 8
企业规模	0.0053 (0.7744)	0.0048 (0.7947)	0.0049 (0.7803)
盈利能力	−0.2571 *** (0.0050)	−0.2751 *** (0.0032)	−0.2286 ** (0.0112)
R&D 投入	−0.0144 ** (0.0526)	−0.0118 (0.1335)	−0.0378 *** (0.0010)
技术资产	0.0112 (0.1698)	0.0113 (0.1674)	0.0091 (0.2435)
研发人员	0.0171 (0.4645)	0.0122 (0.6094)	0.0118 (0.6053)
政府补贴		−0.0099 (0.3028)	−0.0185 * (0.0569)
政府补贴 × R&D 投入			0.0100 *** (0.0023)
调整后的 R^2	0.9356	0.9356	0.9411
F 统计量	40.4149 ***	39.7551 ***	42.8660 ***

(三) 实证结果分析与讨论

1. 政府补贴是否促进了企业更多的 R&D 投入

本章的实证结果显示，政府补贴与 R&D 投入显著正相关。说明政府政策和资金的支持对于医药企业的研发活动的引导作用至关重要。企业技术实力与 R&D 投入不相关，理论上来讲，由于技术资产的数据也反映出企业的知识基础，部分反映其吸收能力，因此，技术资产比重越多，R&D 投入也就越多，但结论显然与此不符。这可能是由于我国医药行业并未充分及时利用技术资产，导致了技术资产的作用没有充分发挥。企业研发人员比例反映企业对研发的重视程度，理论上讲，研发人员比例越大，R&D 投入也就越大。但是我们的研究结果并不支持这一假设。可能是由于自主创新需要调动各种资源的协调配合才能完成，除了研发人员，还必须有充足的研发经费的保障。而我国目前许多企业由于资金的短缺与实验技术设备等的匮乏，研发人员投入存在冗余，现有研发人员难以发挥效用，人浮于事的现象比较严重。

技术资产对政府补贴与企业 R&D 投入的关系并没有显著的调节作用。但是研发人员比例对于政府补贴与 R&D 投入之间的关系有显著的正向调节作用，说明研发人员与有效的研发资金相结合，将对企业的 R&D 投入产生显著性的正向调节效应。任翔（2001）也认为研发人员的影响比经费投入的影响大得多，研发活动是一项专业性非常强的活动，整个研发过程很大程度上取决于研发人员的知识和经验。

2. 政府补贴是否给企业带来了更多的债务融资

本章的实证结果显示，企业研发支出与企业债务融资水平显著为负。由负债的双刃性以及研发的特性可知，若负债过高，会增加企业投入研发费用的压力，所以以资产负债率越高，企业趋向保守，R&D 投入越受限制，同时，由于研发项目的周期长、高风险与不确定性，以较研发项目本身的难以评估性，企业 R&D 融资受到约束，因此研究支出与企业债务水平显著为负。说明企业普遍研发项目受到了融资约束。政府补贴是缓解研发项目融资难的有效手段。

政府补贴对企业 R&D 投入与外部债务融资产生了显著性的正向调节效应。说明政府补贴对企业研发投入项目的起到了积极的信号传递的作用，如"认证效应"或"光环效应"等有助于降低由于 R&D 项目收益不确定性、高风险性以及信息不完全披露而导致的信息不对称性，吸收银行等外部债权人的融资投入。

五、本章小结

从样本上看，我国医药上市公司 R&D 投入强度，平均为 3.01%。这说明我国医药企业在研发方面资金缺乏或投入不足，对 R&D 活动的重视程度不够。R&D 投入是促进企业技术创新，提高企业长期盈利能力的重要因素，应增强医药企业 R&D 投入意识与投入强度，提高市场竞争力。

政府补贴带动企业有更多的资金进行 R&D 投入，促使企业更多地从事研发活动。反映政府政策和资金的支持对于医药企业的研发活动至关重要，也侧面反映出我国医药企业 R&D 投入对于政府的依赖性，自主的资金投入不够；同时从描述性统计分析，我国政府补贴针对性不明显。

政府补贴给企业带来了更多的外部债务资金的流入。政府补贴的"认证效应"和"光环效应"给企业研发项目起到了积极的信号传递效应，促使外部更多的债务资金的流入，有效缓解了企业研发项目资金的融资约束。

技术资产与 R&D 投入正相关，研发人员与 R&D 投入负相关，两者均不显著。说明我国医药企业对于技术资产的利用不充分，这无疑对于研发活动的发展有很大的不利影响，为了进一步更好的进行研发活动，企业必须尽可能充分利用所掌握的技术资产，以优化 R&D 投入效率。作为 R&D 活动的主体，研发人员的数量和素质都是不可或缺的关键因素，应该适当加强。这样 R&D 活动才能顺利进行。

参考文献：

［1］王宏. 我国医药企业研发创新模式探讨. 中国药业［J］. 2009，18（12）：5 – 6.

［2］蔡基宏. 影响我国医药行业创新能力关键因素分析——美国的经验和启示［J］. 上海经济研究，2009（11）.

［3］David A.，Hall H.，Toole A. Is public R&D a complement or substitute for private R&D?［J］. Research Policy, 2000（29）: 497 – 529.

［4］Buisseret T.，Cameron H.，Georghiou L. What difference does it make? Additionality in public support of R&D in large firms［J］. International Journal of Technology Management 1995（10）: 587 – 600.

［5］Georghiou，L.，E. Amanatidou，et al. Raising EU R&D Intensity: Improving the Effectiveness of Public Support Mechanisms for Private Sector Research and Development: Direct Measures［EB/OL］. Commission of the European Communities, EUR20716. http：//ec. europa. eu/invest – in – research/pdf/download_ en/report_ directmeasures. pdf. 2003：14.

　　［6］Aspremont C. , Jacquemin A. Cooperative and noncooperative R&D in duopoly with spillovers ［J］. American Economic Review, 1988 （78）: 1133 – 1137.

　　［7］Katsoulacos Y. , Ulph D. Endogenous spillovers and the performance of research joint ventures ［J］. Journa l of Industrial Economic, 1998 （3）: 333 – 358.

　　［8］郭晓丹，何文韬，肖兴志. 战略性新兴产业的政府补贴、额外行为与研发活动变动 ［J］. 宏观经济研究，2011 （11）: 63 – 69.

　　［9］Hewitt – Dundas N. Resource and capability constraints to innovation—an examination of small and larger frms, Paper presented to the ICSB conference, Belfast, June 2003.

　　［10］梁莱歆. 我国高科技上市公司技术资产现状研究 ［J］. 科学学研究，2003 （6）: 289 – 292.

　　［11］Helfat C. E. Evolutionary trajectories in petroleum firm R&D ［J］. Management science. 2005 （24）: 40 – 44.

　　［12］Badawy, M. K. Managing human resources ［J］. Research Technology Management, 1988, 2 （3）: 379 – 387.

　　［13］刘立. 企业 R&D 投入的影响因素：基于资源观的理论分析 ［J］. 中国科技论坛，2003 （6）.

　　［14］梁莱歆，曹钦润. 研发人员及其变动与企业 R&D 支出——基于我国上市公司的经验证据 ［J］. 研究与发展管理，2010 （2）: 98 – 104.

　　［15］邵敏，包群. 地方政府补贴企业行为分析：扶持强者还是保护弱者? ［J］. 世界经济文汇，2011 （1）: 56 – 72.

　　［16］孟繁森. 国家资助中小企业技术创新项目申报程序及

案例分析［M］. 北京：经济科学出版社，2008.

［17］安同良，周绍东，皮建才. R&D 补贴对中国企业自主创新的激励效应［J］. 经济研究，2009（10）：87 - 98.

［18］Narayanan V. , Pinches G. , Kelm K. , Lander D. The influence of voluntarily disclosed qualitative information［J］. Strategic Management Journal. 2000（21）：707 - 722.

［19］Lerner J. The government as venture capitalist：the long-run impact of the SBIR program［J］. The Journal of Business，1999，72（3）：285 - 318.

［20］Meuleman M. , De Maeseneire W. Do R&D Subsidies Affect SMEs' Access to External Financing? Research Policy. Volume 41，Issue 3，April 2012，Pages 580 - 591.

［21］Takalo T. , Tanayama T. Adverse selection & financing of innovation：Is there a need for R&D subsidies?［J］. The Journal of Technology Transfer. 2010，35（1）：16 - 41.

［22］Feldman M. P. , Kelley M. R. The *ex ante* assessment of knowledge spillovers：Government R&D policy，economic incentives and private firm behavior［J］. Research Policy. 2006，35（10）：1509 - 1521.

［23］刘静，周步云. 上市公司获得的政府补贴对企业信用的影响［J］. 辽宁经济管理干部学院学报，2008（2）：13，104.

［24］吕久琴，郁丹丹. 政府科研创新补助与企业研发投入：挤出、替代还是激励?［J］. 中国科技论坛，2011（8）：21 - 28.

［25］高艳慧，万迪昉，蔡地. 政府研发补贴具有信号传递

作用吗？——基于我国高技术产业面板数据的分析 [J]. 科学学与科学技术管理，2012（1）：5 – 11.

[26] 温忠麟，侯杰泰，张雷. 调节效应与中介效应的比较和应用 [J]. 心理学报，2005，37（2）：268 – 274.

[27] 许铭. 我国医药企业研发之痛 [N]. 医药经济报，2010 – 05 – 10，第二版.

第八章

政府补贴的创新、创值效应分析
—— 市场需求是否具有中介或调节效应？

本章首先评析了技术创新中的需求拉动论、技术推动论与政府引导论，然后以装备制造业中的专用设备上市公司 2009～2011 年数据作为研究样本，实证检验了政府补贴、市场需求与企业技术创新之间的关系，特别是考察市场需求是否具有中介或调节效应。最后以国家自主创新示范区东湖高新区内精伦电子、华中数控等企业为案例进一步阐明了这三者之间的关系。研究发现，政府补贴和市场需求与企业 R&D 投入显著正相关，市场需求对政府补贴与企业 R&D 投入之间不存在中介效应。研发投入与企业创值能力显著正相关，市场需求对企业 R&D 投入与创值能力有显著的正调节效应，而政府补贴对 R&D 投入与企业创值能力存在显著负调节效应。政府补贴与企业盈利能力显著正相关。本章的研究结果表明，政府补贴作为一种干预经济领域、激励企业技术创新投入的强有力手段，其实施效率在某种程度上还依赖于市场需求的导向作用。

一、引　言

创新能力是企业持续发展的源泉，也是国家竞争力的集中体现。从事生产附加值较高的知识密集型产品的国家会取得更高的增长率和更为有利的贸易条件。因此，从企业层面到国家层面都对创新给予了高度的重视，各国决策者也一直在努力制定适宜的政策，以激励更多的 R&D 投入，增进创新过程的效率。建立研发支持体系是大多数国家创新系统的主要特征，为确立企业的创新主体地位，推动企业技术创新能力，给予研发补贴是一种重要的支持措施，但是政策实施的实际效果如何？研发补贴是否带来额外效应？企业是否增加额外投入、额外产出或发生额外行为的变化？本章将研究政府 R&D 补贴与企业技术创新行为之间的关系，期望能为政策制定者和学术界普通关注的焦点问题提供深入的思考和建议。

有关技术创新驱动因素的研究产生了技术推动论（Technology－Push）和需求拉动论（Demand－Pull）之争，其核心是科技还是需求决定了创新速度和创新方向。技术推动论者认为与基础科学、应用研究，设计、制造以及生产等相关的累积知识决定了创新。这些技术知识决定了新发现的机会前沿，创新的企业能力边界，创新投资选择的前提条件。因此，在企业边界以内或以外接触到越多技术知识的企业，其创新活动将越多。需求拉动论者则认为此观点忽略了价格因素和经济环境中的其他变化因素，而这些对于创新绩效会产生重要影响。需求规模以及盈利能力的变化才是促进企业 R&D 投入和创新活动实施的最有效的内在激励机制。随后的研究又提出需求和技术共同推动"双因素"说，在此基础上产生了政府引导论（Government - Led），政府引导论说认为政府政策恰好起到了技术推动与需求拉动的效应，既降低了技术创新的成本，此为技术推动效应；又提高了投资者的收益，此为需求拉动效应。本章假定在企业对需求的了解都是相同或完全的前提下，以装备制造业中的专用设备制造业为例分析政府补贴、市场需求与技术创新之间的关系。装备制造业是国民经济的重要支柱产业，是制造业的核心组成部分，专用设备制造业其中一个重要大类，是技术密集型、资本密集型与劳动密集型行业，也是我国 R&D 经费投入强度最高的行业，具有很强的代表性。

二、政府补贴的创新效应分析

为建立创新型国家，实施创新驱动战略，发挥企业作为创新主体的作用，我国从中央政府到地方政府都给予了全方位的支持，包括直接补贴、税收优惠、政府采购、信贷优惠以及其他特殊的制度安排。政府引导论者认为政府政策兼有技术推动效应与需求拉动效应，既降低了技术创新的私有成本，又提高了投资者的私有收益。尽管有研究提出政府 R&D 补贴可能对企业 R&D 存在挤出效应，但更多的研究发现了杠杆效应的存在，且政府 R&D 补贴为企业指明技术攻关方向，激励企业积极参与研发创新活动，从而对企业创新绩效产生积极的影响。

但是，我们认为政府 R&D 补贴资金的流入并不能带来企业创值能力的提高，尽管可能为企业的盈利能力带来正面影响，因

为补贴带来了大量的资金流入，无论是实质补贴还是这种以
R&D 补贴的形式流入企业，被改头换面投入非 R&D 活动中的名义
补贴，我国现行会计实务中将其均作为营业外收入进行核算，直
接导致账面会计利润的增加，因此我们认为政府 R&D 补贴能带来
企业盈利能力的增加。同时，大量寻租行为的存在，也说明了补
贴之于当期利润的"及时雨"。因此，我们提出以下研究假设：

假设 1：政府 R&D 补贴与企业研发投入显著正相关。

假设 2a：政府 R&D 补贴与企业创值能力不相关。

假设 2b：政府 R&D 补贴与企业经营绩效显著正相关。

三、政府补贴的创值效应分析

研发具有双面性，既能增加企业创新能力，同时也能促进企
业习得追赶外部技术的吸收能力。现有对研发投入与企业绩效关
系的研究通常都围绕研发投入与专利申请的关系，研发投入与市
场价值，研发投入对企业生产率的影响。研发投入对企业成长
性，研发投入与出口强度等。但是由于有些研发产出可申请专
利，而有些没法申请专利，即使获得专利的创新其经济价值也不
同。采用专利申请指标将会低估研发投入的绩效影响，即使是专
利申请与授权也只是创新的中间产出，最终创新的成果将反映在
企业创新能力与盈利能力上。创值能力是体现企业竞争优势的核
心（Porter，1985）。研发投入对企业创值能力存在直接影响，例
如，研发一条全新的生产线或改进一条生产线将降低成本消耗，
也即是说，同等数量的原材料，劳动力，资本以及其他要素的投
入，通过研发改造的生产线可能会创新更高的经济价值。因此，

我们认为企业 R&D 投入与其创值能力及其盈利能力存在正相关性，也即：

假设 3a：企业 R&D 投入强度与其创值能力显著正相关。

假设 3b：企业 R&D 投入强度与其盈利能力显著正相关。

四、市场需求的中介或调节效应

需求驱动假说认为，需求是引导创新轨迹朝着正确的经济轨道前行的关键要素。技术创新的最终目的是为了追逐利润，其内在激励机制是需求导向、需求规模与盈利能力的变化。产品的预期市场规模影响着企业 R&D 投入，创新成果满足市场要素等经济条件才能取得预期的商业化成功。相对要素价格的变化，需求的地区差异，潜在需求的识别，潜在新兴市场的开发等都会对创新投入的收益规模产生影响。脱离客户需求的创新，将会成为企业的累赘，难以实现市场和利润最大化。

大量的研究表明，复杂性和新奇性需求，伴随着迅速扩散能刺激研发和创新投入。范红忠（2007），陈仲常，余翔（2007），李平等（2012），分别从宏观和产业层面实证研究发现需求规模对 R&D 和自主创新的作用。从企业层面研究发现，需求增长是引致企业和行业新产品增加的主要因素。需求规模影响企业从事研发活动的可能性、研发投入强度以及专利数量和创新销售收入的取得。利用法国、日本以及美国高技术企业的数据（Hall et al.，1999），采用意大利制造企业数据进行检验（Piva，Vivarelli，2006），均发现了销售对研发投入的诱致效应。孙晓华和李传杰（2010）以我国装备制造业中的航空航天器制造业为样本，研究发现有效需求规模不足以及需求结构低端化导致产业创新不足，抑制创新能力的提升。上述文献无论是从正面和反面都证明了市场需求对企业 R&D 投入与绩效的积极影响，因此我们提出假设：

假设 4：市场需求规模与企业 R&D 投入显著正相关。

假设 5a：市场需求规模与企业创值能力显著正相关。

假设 5b：市场需求规模与企业经营绩效显著正相关。

根据以上理论与文献分析，市场需求对技术创新具有拉动效应，而政策支持也可能扩大企业的产品市场需求，因此本章将考察市场需求是否在政策补贴与企业 R&D 投入之间产生中介效应。即：

假设 6：市场需求对政府补贴与 R&D 投入之间产生中介效应。

此外，我们认为与市场需求相结合的研发投入可能对企业创值能力产生正向影响；而政府通过补贴引导的研发投入可能对企业创值能力产生负向影响。也即，

假设 7：市场需求对企业 R&D 投入与企业创值能力之间产生正的调节效应。

假设 8：政府补贴对企业研发投入与企业创值能力之间产生负的调节效应。

五、实 证 分 析

（一）研 究 设 计

1. 样本数据与来源

本章选取的数据来源于装备制造业中的专用设备制造业上市

公司，样本期间为 2009 ~ 2011 年。研发投入与政府补贴数据来源于各上市公司年度报告，手工收集，其他财务数据来源于 CCER 数据库，市场需求采用的专用设备制造业工业销售产值数据来源于 2009 ~ 2011 年中国工业经济统计年鉴。剔除了数据不全的专用设备制造业上市公司，得到样本总量 203 个，其中 2009 年 47 个，2010 年 71 个，2011 年 85 个。

2. 变量选取

（1）因变量。

因变量有 R&D 投入强度（R&D）和创新绩效，创新绩效以创值能力（Value Added）与盈利能力（ROA）衡量。

R&D 投入强度采用 R&D 投入/销售收入计算。创值能力被定义为一个企业通过利用其传统意义上的资本与劳动力等生产能力而获得的总的报酬（Riahi - Belkaoui，1999）。一般采用销售收入与销售成本的差额来进行度量，并采用加权产出价格指数进行平减以降低价格因素的影响，而胥朝阳等（2013）为剔除企业规模的影响，采用（营业收入 - 营业成本）/总资产来进行衡量。本章将借鉴这一方法，采用（营业收入 - 营业成本）/营业收入来衡量。盈利能力采用净利润/期末总资产来表示。

（2）自变量。

自变量为政府补贴（Subsidy）与市场需求（Demand）。政府补贴采用政府补贴金额/总资产表示。而市场需求的度量各个文献中都有所不同，有从宏观角度，产业角度以及企业角度三个方面来进行研究，本章将采用专用设备制造业当年的工业销售产值取对数来衡量。

（3）控制变量。

本章选取的控制变量为企业规模（Size），总资产的自然对数；最终控制人类型（Controller），虚拟变量，实际控制人为国有控股设为 1，其他为 0；所在地区（Location），虚拟变量，公司注册地在东部地区设为 1，其他设为 0；资产负债率（Debt），负债/总资产。

3. 模型设定

本章将采用以下模型检验文中提出的假设：

$$R\&D = a + \beta_1 Subsidy + \beta_2 Demand + \beta_3 Controls + \varepsilon \quad (8-1)$$

$$Value\ Added = a + \beta_1 Subsidy + \beta_2 Demand$$
$$+ \beta_3 R\&D + \beta_4 Controls + \varepsilon \quad (8-2)$$

$$ROA = a + \beta_1 Subsidy + \beta_2 Demand$$
$$+ \beta_3 R\&D + \beta_4 Controls + \varepsilon \quad (8-3)$$

$$Demand = a + \beta_1 Subsidy + \beta_2 Controls + \varepsilon \quad (8-4)$$

模型（8-1）用来考察政府补贴、市场需求与企业 R&D 投入关系，我们将采用分层回归法，用来检验假设 1 和假设 3。模型（8-2）考察政府补贴、市场需求、企业 R&D 投入与绩效关系，采用分层回归法，用来检验假设 2a、假设 2b 和假设 4a、假设 4b。模型（8-3）考察是政府补贴、市场需求、企业 R&D 投入与绩效的关系，用来检验假设 5a，5b。

模型（8-4）将结合模型（8-1）来考察市场需求是否具有中介效应，模型（8-2）和模型（8-3）将采用自变量的交互项来考察市场需求的调节效应，也就是检验假设 6、假设 7 和假设 8 是否成立。

（二）结果分析与讨论

1. 结果分析

首先，我们对数据进行描述性统计分析，发现专用设备制造业 R&D 投入强度的均值为 4.19%，整体的研发处于较高的水平。创值能力平均 29.12%，盈利能力平均仅为 5.6%，不太理想。专用设备制造业 31.68% 为国有控股，71.29% 注册地在东部地区。

对模型（8-1）和模型（8-4）的回归结果如表 8-1 所示。

表 8-1　　　政府 R&D 补贴、市场需求与研发投入回归分析

	研发投入			市场需求
常数项	0.1843 * (0.0785)	0.1867 * (0.0741)	0.1512 (0.1541)	3.7608 *** (0.0074)
资产负债率	-0.0498 *** (0.0076)	-0.0552 *** (0.003)	-0.0518 *** (0.0054)	0.2260 (0.3600)
企业规模	-0.0054 (0.2871)	-0.0080 * (0.1079)	-0.0064 (0.2058)	0.1175 *** (0.0805)
实际控制人类别	-0.0077 (0.5309)	0.00005 (0.9966)	-0.00415 (0.7365)	-0.3975 ** (0.0154)
所在地区	0.01863 * (0.0634)	-0.02517 ** (0.0254)	-0.02716 (0.0161)	0.9684 *** (0.0000)
政府 R&D 补贴	1.2366 * (0.074)		1.1405 * (0.0989)	10.9093 (0.2362)

— 153 —

续表

	研发投入			市场需求
市场需求		0.0096 * (0.0743)	0.0088 * (0.0993)	
调整的 R^2	0.0857	0.0857	0.0937	0.2435
F 统计量	4.7883 ***	4.7867 ***	4.4826 ***	14.0039 ***
D – W 值	2.0529	1.9954	2.0742	1.9710

由表 8 – 1 中的结果可知，市场需求与企业 R&D 投入在 10% 的水平下显著正相关，假设 1 得到验证；政府 R&D 补贴与企业 R&D 投入在 10% 水平下显著正相关，假设 3 得到验证；政府补贴与市场需求不相关，市场需求可能存在中介效应的前提不成立，假设 6 没有得到验证。

对模型（8 – 2）和模型（8 – 3）的回归结果如表 8 – 2 所示。

表 8 – 2　　政府 R&D 补贴、市场需求、R&D 投入与
企业绩效回归分析

	创值能力			盈利能力
常数项	0.9982 *** (0.0000)	0.9897 *** (0.0000)	0.9688 *** (0.0000)	– 0.1046 * (0.0799)
资产负债率	– 0.1854 *** (0.0000)	– 0.1792 *** (0.0000)	– 0.1684 *** (0.0000)	– 0.0825 *** (0.0000)
企业规模	– 0.0293 *** (0.0014)	– 0.0293 *** (0.0014)	– 0.1684 *** (0.0021)	0.0091 *** (0.0018)

	创值能力			盈利能力
实际控制人类别	−0.0155 (0.4839)	−0.0143 (0.5155)	−0.0115 (0.6010)	−0.0084 (0.2317)
所在地区	−0.0006 (0.9779)	0.0045 (0.8249)	−0.0012 (0.9529)	0.0046 (0.4729)
政府 R&D 补贴	0.9955 (0.4228)	0.0061 (0.4588)	0.0087 ** (0.2974)	0.0099 *** (0.0002)
R&D 投入	0.0067 ** (0.0358)	0.0192 (0.0232)	0.0395 *** (0.0040)	−0.0008 (0.7618)
市场需求	0.0113 (0.2195)	0.0152 (0.1102)	0.0101 (0.2702)	0.0021 (0.4673)
市场需求 × R&D 投入		0.0324 * (0.1016)		
政府 R&D 补贴 × R&D 投入			−0.0336 ** (0.0433)	
调整的 R^2	0.3305	0.3363	0.3411	0.3041
F 统计量	15.2427 ***	13.7921 ***	14.0690 ***	13.6130 ***
D−W 值	2.0752	2.0808	2.0927	2.1093

从表 8−2 中的回归结果可知，市场需求对企业的创值能力和盈利能力都没有显著的相关性。假设 2a 和假设 2b 都没有得到验证。但是市场需求通过研发投入对企业创值能力产生正向调节作用，假设 7 得到验证。

政府 R&D 补贴对企业创值能力没有直接的相关性，假设 4a 得到验证。但是政府补贴对企业盈利能力产生显著的正相关性，假设 4b 得到验证。政府补贴通过研发投入对企业创值能力产生负向调节作用。假设 8 得到验证。政府补贴通过市场需求对企业创值能力产生正向调节作用，但是其作用并不显著。

研发投入对企业创值能力有显著的正相关性，但是对企业盈利能力没有显著的相关性，假设 5a 得到验证，假设 5b 没有得到验证。

2. 结果讨论

（1）政府补贴与技术创新。

政府补贴促进了企业 R&D 投入，说明政府补贴在一定程度上缓解了企业研发资金短缺的问题，加强了企业技术创新的投资保障从而有利于企业顺利进行技术创新活动。但是，政府补贴对企业创值能力并无直接显著性影响，对其盈利能力却存在直接影响，说明政府补贴的直接效应还是极大地改善了企业的短期账面资产利润率，说明我国对上市公司通过政府补贴达到账面盈利的这一现象并无改观。尽管政府补贴中大部分都是对企业以项目补贴、R&D 投入的形式予以补贴，但是无疑大量资金流入补强了企业的短期经营绩效。政府补贴对企业 R&D 投入与创值能力之间存在显著性负调节效应，说明可能存在政府补贴资金的非研发活动使用。

（2）R&D 投入与企业创新绩效。

R&D 投入与创值能力显著正相关，这可能与我国专用设备制造业大量的技术改造、技术挖潜等有效地提高了生产效率，降低了产品销售成本有关。但是 R&D 投入与企业盈利能力负相关，不显著。说明 R&D 投入对当期的利润是个很大的负担，尤其是像专用设备制造业这样投资规模很大，见效期长的行业。R&D

投入风险很大。仅靠企业的力量恐怕无力支撑，政府补贴还是很有必要。

（3）市场需求的直接、中介或调节效应。

市场需求对企业 R&D 投入有显著的直接影响，对企业创值能力和盈利能力影响为正，但是并不显著。市场需求对政府补贴与企业 R&D 投入不具有中介效应。市场需求对研发投入与企业创值能力具有正的调节效应。表明企业通常会针对市场需求进行研发投入决策，而且符合市场需求的研发投入，才会有效地提高企业的创值能力。

六、本章小结

本章首先评析了技术创新中的需求拉动论、技术推动论与政府引导论，然后通过理论分析与文献梳理，以装备制造业中的专用设备上市公司 2009～2011 年数据作为研究样本，实证检验了政府补贴、市场需求与企业技术创新之间的关系，特别是考察市场需求是否具有中介或调节效应。研究发现，政府补贴和市场需求与企业 R&D 投入显著正相关，市场需求对政府补贴与企业 R&D 投入之间不存在中介效应。研发投入与企业创值能力显著正相关，与企业当期盈利能力负相关，但不显著；市场需求对企业 R&D 投入与创值能力有显著的正调节效应，而政府补贴对 R&D 投入与企业创值能力存在显著负调节效应。政府补贴与企业盈利能力显著正相关，市场需求尽管与企业盈利能力正相关，但不显著。

进一步地，通过装备制造业的典型案例精伦电子与华中数控的分析，表明市场需求是推动企业技术创新投入与绩效能力提升的关键因素。作为创新活动的主体，企业研发投入的原动力来源于市场需求与自身利益的获取。如果创新不能带来足够的收益，就只能依赖政府补贴维持生存。

政府补贴的微观经济体的创新效率问题一直是各国政府关注的核心问题。为避免盲目的低效率补贴，促使有限的资金补贴产生尽可能大的激励效应，提高创新效率，补贴实施过程中应充分考虑市场需求导向。

参考文献：

［1］Dosi G. Technological paradigms and technological trajectories. A suggested interpretation of the determinants and directions of technical change ［J］. Research Policy, 1982（11）：147 – 162.

［2］Schmookler J. Invention and economic growth ［M］. Cambridge：Harvard University Press，1966.

［3］Mowery D.，Rosenberg N. Influence of market demand upon innovation critical-review of some recent empirical studies ［J］. Research Policy, 1979, 8（2）：102 – 153.

［4］Nemet G. F. Demand-pull, technology-push, and government-led incentives for non-incremental technical change ［J］. Research Policy, 2009（38）：700 – 709.

［5］范红忠. 有效需求规模假说、研发投入与国家自主创新能力 ［J］. 经济研究, 2007（3）：33 – 44.

［6］陈仲常，余翔. 企业研发投入的外部环境影响因素研究——基于产业层面的面板数据分析 ［J］. 科研管理, 2007（2）：78 – 84.

［7］李平，李淑云，许家云. 收入差距、有效需求与自主创新［J］. 财经研究，2012（2）：16 – 26.

［8］Brouwer E. , Kleinknecht A. Firm Size, Small Business Presence and Sales in Innovative Products：A Micro-econometric Analysis［J］. Small Business Economics, 1996, 8（3）：189 – 201.

［9］Brouwer E. and Kleinknecht A. Keynes-plus? Effective Demand and Changes in Firm-level R&D：An Empirical Note［J］. Cambridge Journal of Economics, 1999（23）：385 – 391.

［10］Crépon B. , Duguet E. , Mairesse J. Research, Innovation and Productivity：An Econometric Analysis at the Firm Level［J］. Economics of Innovation and New Technology, 1998（7）：115 – 158.

［11］Hall B. , Mairesse J. , Branstetter L. and Crépon B. Does Cash Flow Cause Investment and R&D? An Exploration using Panel Data for French, Japanese, and United States Scientific Firms, in Audretsch, D – Thurik, R.（eds.）Innovation, Industry Evolution and Employment. Cambridge University Press, Cambridge, 1999：129 – 156.

［12］Piva M. , Vivarelli M. Is demand-pulled innovation equally important in different groups of firms?, IZA Discussion Papers, No. 1982. 2006.

［13］孙晓华，李传杰. 有效需求规模、双重需求结构与产业创新能力——来自中国装备制造业的证据［J］. 科研管理，2010（1）：96 – 101.

［14］解维敏，唐清泉，陆姗姗. 政府 R&D 资助、企业 R&D 支出与自主创新——来自中国上市公司的经验证据［J］. 金

融研究 . 2009（6）：86 – 99.

[15] 邹彩芬，黄琪 . 信息技术行业 R&D 投入影响因素及其经济后果分析 [J]. 中国科技论坛，2013（3）：82 – 88.

[16] 郭晓丹，何文韬，肖兴志 . 战略性新兴产业的政府补贴、额外行为与研发活动变动 [J]. 宏观经济研究，2011（11）：63 – 69.

[17] Tsang E. W. K., Yipb P. S. L., Tohc M. H. The impact of R&D on value added for domestic and foreign firms in a newly industrialized economy [J]. International Business Review, 2008 (17)：423 – 441.

[18] Riahi – Belkaoui, A. Value added reporting and research：State of the art [M]. Westport, CT：Quorum Books. 1999.

[19] Tsai K. H., Wang J. C. The R&D performance in Taiwan's electronics industry：a longitudinal examination [J]. R&D Management, 2004, 34（2）：179 – 189.

[20] 胥朝阳，刘睿智，唐寅 . 技术并购的创值效应及影响因素分析 [J]. 南方经济，2013（3）：48 – 61.

第九章

政府补贴对中小企业
创新能力的影响

——公司治理的调节作用

一、引　言

随着全球化的发展，国家或企业之间的竞争，已从单纯的数量价格竞争过渡到核心技术之间的竞争，创新能力是国家与地区竞争力的重要源泉，创新能力的高低也是国家与地区发展差异的重要标志。由《中国科技统计年鉴》可知，2012 年我国在创新方面的比重是日本的一半。

在"提高自主创新能力，建设创新型国家"的国家战略下，我国政府为推动企业创新投入与创新能力的提升给予了大量的创新补贴。政府的补贴可以帮助企业更好的解决技术创新中的资金问题，还能够产生相关的额外行为，引致企业技术创新活动的改变。

但是，我国政府补贴具有随机性与普遍性相结合的特征，实际效果面临诸多差异。企业的创新能力与治理机制分不开，通过完善企业的机制可以一定程度上提高技术创新能力。合理的企业治理机制能有效监督及激励管理者、合理协调资源配置，从而提高创新绩效。本章将从企业创新行为、政府补贴及公司治理的角度，检验政府补贴、公司治理这两类因素对创新活动的单独作用及合力作用。将不同视角的研究进行整合，进一步丰富和完善已有的创新理论。我国中小企业的数量占中国企业总数的 98% 以上，中小企业的存在对经济社会的发展起到了非常大的促进作用，不仅帮助解决了相当程度的就业问题，在一定程度上还维护了经济社会发展的平衡。但是，与庞大的数量与影响形成剧烈反差的是，我国大部分中小企业在人才、资金、技术以及信息等方面都不具备优势，严重制约了企业的技术创新，企业缺乏自主创新能力，无形中失去了许多发展与成长的机会。

二、理论分析及假设提出

（一）中小企业的政府补贴与技术创新

促进派和抑制派是关于政府补贴政策与企业创新之间关系的经典理论研究的两大流派。"促进论"认为政府政策与企业创新呈正相关，代表理论包括凯恩斯经济学理论和挤出效应理论、提出代理理论、不对称理论和技术创新理论。"抑制论"认为政府的支持起到了抑制作用，并没有促进技术创新。

根据"促进论"的分析，政府补贴对企业创新活动的促进作用主要有以下几个方面：

第一，弥补资金缺口，缓解融资约束。企业的创新活动资金投入大、未来收益不确定，这就使得企业可能缺乏研发创新的积极性。雄厚的资金实力不是每一个企业都能拥有的，从银行等金融机构获得资金帮助难度也比较大，而绝大多数企业的研发资金都不充裕。因此，政府补贴能帮助企业缓解资金压力及其融资难的困境，促进企业增加研发投入，并且政府补贴大多都是无息的资金支持，从而帮助企业降低研发成本和风险系数，企业在进行创新活动时对积极性的调动也更加充分。

第二，提高创新收益。创新活动由于技术溢出效应的存在而具有极强的外部经济性，大大增加了创新成本，挫伤企业进行创新活动的热情。而政府补贴收入则可以弥补企业进行创新行为的外部性，提高企业的创新收入，以期达到促进企业创新的目的。

第三，信号传导效应。政府在发放补贴前会对行业、企业进行一定程度的选择，政府补贴的选择性会向社会释放一定的信号，证明某行业、某企业对未来经济发展至关重要，因而政府大力支持其发展。补贴本身是对行业和企业创新行为的肯定，这种支持信号的释放有利于企业吸引外部私人的投资，从而使企业获得更多发展资金，增加企业对创新活动的投入。对中小板、创业板上市公司、小微企业等进行实证研究发现，政府补贴与技术创新存在显著正相关。

基于此，提出如下假设：

假设1：政府补贴对于企业技术创新具有正向作用。

（二）中小企业的公司治理与技术创新

公司治理是技术创新的微观制度动力源。企业家的技术创新行为具有明显的公司治理属性，公司治理结构是依靠市场控制和组织控制两种模式，分别以外部激励和内部激励为主来对企业家的创新行为发挥激励作用，从而影响企业家的创新动力和创新能力，并进而影响企业技术创新类型的选择。公司治理总体上决定了必要的创新资源供给，董事会、监事会的设置以及 CEO 的激励等要素都会影响企业的创新投入、创新方式和创新绩效。

关于公司治理涉及的股权结构特征内容，主要存在两方面的研究，其一是关于股权集中度，其二是关于股权制衡度。

股权集中和分散的程度将直接影响着企业的技术创新的动力及选择决策。股权集中度对研发投入存在"U"字形的关系，说明股权的适度分散和绝对集中都有利于企业的技术创新，我国上市公司研发投资额随第一大股东持股比例的增加呈现先减少后增加的"U"形关系，第二～第五大股东能够对第一大股东的研发投资决策起到有效的制衡作用。

董事会制度或董事会特征因素主要涉及董事会独立性，以及董事长及总经理两职兼任情况等两方面。董事会结构是董事会发挥作用的基础。规模较小且独立性较强的董事会有利于对经理人进行监督与约束，维护股东利益。董事长及总经理的两职兼任促进企业的研发投入，并推动企业的技术创新。

委托代理理论表明，股东与经理人之间存在利益冲突，在公司治理中体现为经理人的无效率投资行为。对管理者的有效激励很大程度上影响公司的研发投资决策与治理成效，进而影响公司的经营业绩，决定了企业的长期稳定发展。对经理人的持股激励对增加企业的研发投资支出有积极作用。从代理理论和基于资源观的企业视角，短期报酬和长期报酬都与企业的技术创新呈正向影响关系。

根据对已有研究的梳理，可以发现，已经有众多学者对创新活动的影响因素进行了研究，产生了丰富的理论和实证研究成果。但现有文献往往只关注政府补贴与企业创新或者是公司治理与企业创新的关系，将补贴和公司治理共同纳入创新活动影响因素的研究框架的文献还较少。中国中小企业在转型经济中，公司治理体系还处于逐步建立的过程中，企业情况如所有制类型、政治环境、行业特征等千差万别，已有的文献中往往只对某一方的特征如股权特征或高管激励进行控制，而较少从多个角度对公司治理对企业创新的影响进行研究。

基于此，提出如下假设：

假设2：公司治理对企业技术创新产生正向影响。

（三）中小企业的公司治理是否调节政府补贴与企业技术创新的关系

尽管政府对于企业研发活动所给予的补贴可以缓减企业资本约束，使企业拥有足够的资金开展技术创新。降低企业的创新成本、创新风险和商业化风险，进而对企业的创新起到正向激励作用。但是，政府补贴对于企业的技术创新也具有很大的不确定性。

从"抑制论"的角度分析，政府补贴抑制企业创新活动的机制如下。

第一，政府和企业的创新活动存在目标上的差异。企业的经营目标是获得最大化的利润，而政府官员相较于经济目标更看重政治目标。为了扩大就业和稳定社会环境，地方官员可能会在制定补贴政策时向一些规模较大但生产率比较低甚至是亏损的企业倾斜，而这类企业并没有强烈的创新意图和创新技术，因此造成了政府补贴资源的错置和研发资源的浪费。

第二，信息不对称和委托代理问题。政府与企业之间存在信息不对称和委托代理问题，一方面，企业缺乏有效渠道获得创新资金；另一方面，政府缺乏对企业的了解而不知对哪些企业进行补贴。如果没有科学合理的标准来甄别和选择那些有能力有意愿进行创新的企业，就会使补贴资金无法得到最优配置。

第三，政府补贴对私人投资的挤出。补贴收入作为企业利润总额一部分，当补贴收入很高时，企业可能改变行为策略花费资源来骗取政府补贴，这样本应用于更换机器设备、升级技术的资金被用作其他：并且不断的政府补贴容易形成企业对政府资金的依赖，从而减少企业对创新活动的投入。

不同强度的政府补贴对企业新产品创新的影响效应存在显著差异，补贴强度有一个"适度区间"，适度的政府补贴显著地激励了企业新产品创新，而高额度补贴却抑制了企业新产品创新。公司治理机制更可能对政府补贴与企业技术创新的关系产生影响。

因此，提出以下假设：

假设3：公司治理对政府补贴与企业技术创新的关系产生调节效应。

三、研究设计

（一）指标选取

被解释变量：企业创新能力，通过文献的阅读可知现今对企业创新的衡量主要是用创新投入衡量，用创新投入支出占比来进行度量能很好地消除企业规模差异对数据的消极影响。本章采用企业研发投入占比以及企业研发人员占比指标代表企业的技术创新，记为 innovation。

解释变量：政府补贴，由于存在补贴强度为 0 的企业（即企业获得补贴），为了使得该部分企业也进入分析样本内，我们在将该变量取对数前全部加 1，即政府补贴强度以 ln（Subsidy + 1）的形式进入模型；公司治理变量，主要以公司治理系统中的监督决策机制以及激励机制进行分析。在决策监督机制中，我们一共设置了 4 个变量（股权集中度、股权制衡度、董事会结构、两职兼任情况）。股权集中度一般以第一大股东的持股比例或者是持股比例前 5 的股东持股比例的平均值，或者是前 10 大股东的持股比例的平均值，本章采用前 10 大股东的持股比例的平均值。股权制衡度是指企业控制权由几个大股东所共享，任何一个大股东都无法单独影响并决定企业的决策，从而实现各大股东之间相互牵制和监督。本章采用第二大股东到第五大股东持股比例之和与第一大股东持股比例之比进行研究。董事会结构以董事会中独立董事人数占董事会人数之比来进行度量董事会结构。两职兼任情况是指公司中总经理与董事长这两个职务为同一人担任，存在此情况用 1 进行度量，不存在用 0 进行度量。激励机制上我们选用的指标为高管薪酬，衡量方法为高级管理层年度总薪酬/高级管理层人员数量。

控制变量：为了控制其他特征对企业创新行为的影响，本章用 6 个控制变量，公司规模用年度营业收入作为变量、资产负债率用公司年末总负债比年末总资产表示；资本密集度用固定资产净额与员工人数的比值的对数表示；企业盈利率即企业利润总额与营业收入的比值；企业负债率用负债与总资产的比值来进行度量；资产流动性用流动资产与总资产的比值表示行业（虚拟变量）。

在企业所属行业方面，分析样本的企业覆盖了从农林牧渔业到文化传播业等 13 个行业，受到样本量的限制，我们在分析中将所属行业设为是否为制造业企业虚拟变量，若样本属于制造业行业则变量取 1 否则变量取 0。具体如表 9 - 1 所示。

表 9 - 1　　　　　　　　　　　变量定义

变量	指标	定义	符号
企业创新能力	研发人员占比	研发人员数量/企业员工总数	RERR
	研发投入占比	研发支出/主营业务收入	RDER
政府补贴	政府补贴强度	ln(1 + 政府补贴/收入)	Subsidy
公司治理	股权集中度	前十股东平均持股率	Concentr
	股权制衡	第二到第五大股东持股比例之和/第一大股东持股比例	Balance
	董事会结构	独立董事人数/董事会人数	IDR
	两职兼任情况	是否存在总经理与董事长为同一人	Adjunct
	高管薪酬	前十大高管薪酬的平均值	Incentive

变量	指标	定义	符号
控制变量	公司规模	营业收入（十万元）	Size
	资本密集度	固定资产净额/员工人数（十万元/人）	CI
	企业盈利率	固定资产净额/员工人数	Profits
	企业负债率	负债/总资产	Debts
	资产流动性	流动资产/总资产	AL
	行业	是否为制造业虚拟变量	Industry

（二）计量模型

通过总结已有文献的研究方法和模型设置，根据本研究中中小上市企业的实际情况，本研究选择建立多元回归模型来探究中小上市企业中政府补贴、公司治理和企业创新能力的关系，其计量分析模型如下：

模型 1：

$$Inno = \alpha + \beta_1 Sub + \beta_2 Gov + \beta_3 Size + \beta_4 CI + \tag{9-1}$$
$$\beta_5 AL + \beta_6 Profit + \beta_7 Debt + \beta_8 Industry + \varepsilon$$

模型 2：

$$Inno = \alpha + \beta_1 Sub + \beta_2 Gov + \beta_3 Sub * Gov + \beta_4 Size +$$
$$\beta_5 CI + \beta_6 AL + \beta_7 Profit + \beta_8 Debt + \beta_9 Industry + \varepsilon$$

$$\tag{9-2}$$

模型 1 用以分析政府补贴和公司治理对中小上市企业创新能力的影响。

模型 2 用以分析公司治理对政府补贴与企业创新能力关系的调节效应。

其中对于公司治理包含 5 个方面的分析：股权集中度与政府补贴的交互项对企业创新能力的影响；股权制衡度与政府补贴的交互项对企业创新能力的影响；独立董事占比与政府补贴的交互项对企业创新能力的影响；董事长与总经理两职兼任情况与政府补贴的交互项对企业创新能力的影响；高管薪酬与政府补贴交互项对企业创新能力的影响。

（三）数据说明

本章选取以 2015 年期间深圳证券交易所的中小板企业上市公司的公司作为研究样本。所有的数据来源于国泰安 CSMAR 数据库以及新浪财经等门户网站上披露的企业财务报表中研发支出的数据。之所以选择中小板企业作为样本，是基于以下考虑：大部分中小板企业都是高新技术企业，而高新技术企业又是公认的高研发强度的企业，在研发活动方面比较活跃，因而其研发活动过程中带来的一系列问题也比较具有代表性，并按照以下三方面原则对样本进行了筛选，剔出了 ST 公司、PT 公司的样本数据，删除上市未满一年的企业，主要变量有缺失值的样本也不包含在分析样本内。最终得 529 个样本观测值。

按照 2012 年工业和信息化部、国家发展和改革委员会、国家统计局、财政部等四部委共同印发的《关于印发中小企业划型标准规定的通知》，将样本公司按所属行业、性质分为 11 类（本章剔除房地产和金融行业上市公司），对应行业企业统计数量如

表9－2所示。

表9－2 样本企业按行业分类统计

行业代码	A	B	C	D	E	F	G	H	I	J	K	L	M
上市公司数量	16	6	615	4	30	22	8	2	38	4	9	9	19

注：A代表农、林、牧、渔业，B代表采掘业，C代表制造业，D代表电力、煤气及水的生产和供应业，E代表建筑业，F代表交通运输、仓储业，G代表信息技术业，H代表批发和零售贸易业，K代表社会服务业，L代表传播和文化产业，M代表其他。

四、实证结果与分析

（一）描述性统计

如表9－3所示，通过描述性统计发现企业研发之间两极分化比较严重，平均水平不是很乐观。从股权集中等4个角度考察公司治理情况发现，也存在两级差异非常大，治理结构平均值略低。其他一些指标例如资产负债率，资本密集度等也存在类似的问题。

表9－3 描述性统计分析

变量	平均值	标准差	最小值	最大值	样本量
研发人员占比（%）	14.97	11.66	0.07	83.79	529
研发支出占比（%）	4.60	4.32	0.02	46.53	529

变量	平均值	标准差	最小值	最大值	样本量
政府补贴强度（%）	0.97	1.25	0	13.89	529
股权集中度（%）	5.8756	1.39501	1.94	9.22	529
股权制衡度（%）	78.39	61.68	1.08	391.42	529
独立董事占比（%）	37.57	5.72	20.12	66.67	529
两权兼任情况	0.34	0.47	0	1	529
高管薪酬（十万元）	2.67	1.90	0.33	20.55	529
企业规模（十万元）	30138.07	73862.34	165.10	1355476.33	529
资本密集度（十万/人）	3.69	3.83	0.03	41.15	529
企业利润率（%）	7.73	15.63	-123.48	85.89	529
企业负债率（%）	37.37	18.13	1.97	96.52	529
资本流动性（%）	56.89	17.38	6.10	99.69	529
是否为制造业	0.786	0.4105	0	1	529

（二）相关性分析

如表9-4所示，所有变量的皮尔逊相关系数均小于0.4，表明本研究中的各个变量间不存在严重的多重共线性问题。

由第一列和第二列可以发现，政府补贴与研发人员占比以及研发支出占比均存在显著的正向相关性，而股权集中度则与二者存在较为显著的负向相关性（相关系数分别为 -0.099 和 -0.109，且在统计显著性水平 0.05 下显著），说明股权集中度可能对企业创新能力存在消极影响。

表9－4

相关性分析

Variables	RERR	RDER	Subsidy	Concentr	Balance	IDR	Adjunct	Incentive	Size	CI	Profits	Debts	AL	Industry
RERR	1													
RDER	0.545**	1												
Subsidy	0.146**	0.302**	1											
Concentr	-0.099*	-0.109**	-0.034	1										
Balance	0.069	0.024	0.054	-0.02	1									
IDR	0.066	0.075	-0.045	0.072	0.043	1								
Adjunct	0.019	0.024	0.008	0.039	-0.029	0.055**	1							
Incentive	-0.006**	-0.037	-0.036	-0.03	-0.014	-0.005	-0.15	1						
Size	-0.066	-0.117**	-0.113**	0.084*	-0.001	0.316	0.051	-0.011**	1					
CI	-0.059	-0.08	0.023	-0.111**	-0.07*	-0.015	-0.009	-0.03	0.01	1				
Profits	0.082*	0.032	0.004	0.18*	0.001	0.165	0.086	-0.038	-0.028	-0.104*	1			
Debts	-0.12**	-0.192**	-0.1*	-0.036	-0.112	0.113	-0.018	-0.008**	0.275**	0.092*	-0.266**	1		
AL	0.205**	0.023	-0.081	0.077*	-0.066	0.064	0.033	0.021*	0.086*	-0.397**	0.096*	0.025	1	
Industry	-0.266**	-0.116**	0.045	0.018	-0.007	-0.105	0.031	-0.015**	-0.147*	0.082	-0.043	-0.118**	-0.187**	1

（三） 回归分析

表 9 – 5、表 9 – 6 给出了模型 1 的回归结果。具体来看，模型 1（1）主要考察了政府补贴对于企业创新能力的影响。若不考虑公司治理的情况，政府补贴对于企业创新能力的提升有正向的促进作用，且结果在 1% 的水平上显著。即政府补贴每增加1% 时，企业的研发人员占比和研发支出占比分别随之增加20.7% 和 5.48%。模型 1（2）单独分析公司治理对企业创新能力的影响的结果发现，股权集中度对企业研发占比和研发支出占比有显著的负向影响，即随着企业的股权集中度越高，其创新能力会显著的降低。企业股权制衡度和独立董事占比则对二者有正向的影响，但没有通过显著性检验；企业激励效应企业研发占比和研发支出占比有显著的正向影响。企业高管平均薪酬每增加10 万元时，企业研发人员占比增加 6.1%，而企业研发支出占比增加 9.8%。模型 1（3）同时考虑了政府补贴变量和公司治理变量对企业创新能力变量的影响，模型相对单独分析的模型其结果稍有变化但基本一致，模型的拟合优度有所上升。其结果显示，在政府补贴与公司治理同时作用的情况下，二者仍然对于企业的影响依然是显著或者部分变量显著的。

表 9 – 5　　　　　　　　　回归分析结果

	模型 1（1）	模型 1（2）	模型 1（3）
常数 c	2.068 (4.428) ***	2.43 (4.58) ***	1.969 (3.574) ***
Subsidy	0.207 (3.234) ***		0.21 (3.231) ***

	模型1（1）	模型1（2）	模型1（3）
Concentr		-0.059 (2.269)**	-0.059 (2.458)**
Balance		0.051 (1.186)	0.045 (1.047)
IDR		0.005 (1)	0.005 (1)
Adjunct		-0.019 (0.339)	-0.021 (0.375)
Incentive		0.061 (3.813)***	0.057 (3.563)***
Size	-0.097 (3.233)***	-0.181 (5.171)***	-0.144 (4)***
CI	0.092 (2.705)***	0.103 (2.861)***	0.098 (2.8)***
AL	0.431 (4.736)***	0.461 (4.904)***	0.479 (5.096)***
Profits	0.002 (1)	0.003 (1.5)	0.003 (1.5)
Debts	-0.012 (0.222)	0.011 (0.193)	-0.001 (0.5)
Industry	-0.548 (7.307)***	-0.51 (6.538)***	-0.525 (6.731)***
Adj. R^2	0.144	0.133	0.174
F	13.124	7.217	7.261

注（下同）：政府补贴、企业规模、资本密集度、资本流动性和企业负债率均以对数形式加入回归模型，同时对因变量也进行取对数处理以减小异方差的影响。此外为了保留政府补助为0的样本，对所有样本的政府补贴强度加1后取对数，具体形式为 log(Subsidy + 1)。每一列的模型单独进行回归，括号中为 t 值。

表9-6 政府补贴，公司治理与企业研发投入占比回归分析

	模型1（1）	模型1（2）	模型1（3）
常数 c	2.302 (5.150) ***	3.965 (7.581) ***	0.371 (5.797) ***
Subsidy	0.548 (4.765) ***		-0.072 (2.667) ***
Concentr		-0.073 (2.433) **	0.001 (1)
Balance		0.07 (1.029)	0.076 (1.070)
IDR		0.005 (0.625)	-0.042 (0.506)
Adjunct		-0.058 (0.659)	0.127 (4.233) ***
Incentive		0.098 (6.125) ***	-0.364 (6.5) ***
Size	-0.252 (4.941) ***	-0.258 (7.588) ***	0.072 (2.118) **
CI	0.06 (1.875) *	0.074 (2.114) **	0.38 (2.111) **
AL	0.362 (2.069) **	0.338 (2.284) **	0.003 (1)
Profits	0.003 (1)	0.004 (1.333)	-0.003 (1.5)
Debts	-0.097 (1.865) *	-0.072 (1.286)	-0.205 (2.697) **
Industry	-0.181 (2.549) **	-0.143 (2.833) ***	0.371 (5.797) ***
Adj. R^2	0.157	0.168	0.221
F	16.746	20.608	22.076

表 9 - 7 和表 9 - 8 给出了在公司治理变量的调节作用下政府补贴对于企业创新能力的影响结果。

表 9 - 7　　　政府补贴与公司治理变量对企业研发人员占比的交互影响回归结果

	模型 2（1）	模型 2（2）	模型 2（3）	模型 2（4）	模型 2（5）
常数 c	1.908 (3.438)***	1.941 (3.516)***	1.954 (3.533)***	1.81 (3.204)***	1.953 (3.583)***
Subsidy	0.211 (3.197)***	0.222 (3.363)***	0.21 (3.231)***	0.383 (2.623)***	0.241 (3.708)***
Concentr	-0.059 (2.36)**	-0.888 (2.494)**	-0.058 (2.417)**	-0.058 (3.231)***	-0.058 (2.231)**
Balance	0.046 (1.070)	0.051 (1.186)	0.044 (1.023)	0.048 (1.116)	0.057 (1.357)
IDR	0.006 (1.2)	0.006 (1.2)	0.005 (1)	0.006 (1.2)	0.006 (1.2)
Adjunct	-0.021 (0.375)	-0.024 (0.429)	-0.019 (0.339)	0.062 (0.969)	0.028 (0.509)
Incentive	0.058 (3.625)***	0.055 (3.438)***	0.057 (3.56)***	0.057 (3.563)***	0.073 (4.562)***
Log （Size）	-0.146 (4.056)***	-0.144 (4)***	-0.143 (3.972)***	-0.143 (3.972)***	-0.153 (4.371)***
CI	0.098 (2.722)***	0.096 (2.743)***	0.099 (2.75)***	0.099 (2.829)***	0.103 (2.943)***
AL	0.499 (5.253)***	0.479 (5.096)***	0.479 (5.096)***	0.484 (5.149)***	0.48 (5.161)***
Profits	0.003 (1.5)	0.003 (1.5)	0.003 (1.5)	0.003 (1.5)	0.003 (1.5)
Debts	-0.001 (0.5)	0 (0)	-0.001 (0.5)	-0.001 (0.5)	0 (0)

	模型2（1）	模型2（2）	模型2（3）	模型2（4）	模型2（5）
Industry	−0.516 （6.615）***	−0.526 （6.744）***	−0.522 （6.692）***	−0.532 （6.821）***	−0.537 （6.974）***
Subsidy × Concentr	−0.013 （0.419）				
Subsidy × Balance		0.029 （1.115）			
Subsidy × IDR			0.012 （4）***		
Subsidy × Adjunct				−0.038 （1.310）	
Subsidy × Incentive					0.098 （2.722）***
调整的 R^2	0.145	0.175	0.148	0.145	0.153
F 统计量	6.702	8.375	6.864	6.694	7.143

表9－8　　　　政府补贴与公司治理变量对企业研发
投入占比的交互影响回归结果

	模型2（1）	模型2（2）	模型2（3）	模型2（4）	模型2（5）
常数 c	2.535 （2.994）***	3.101 （3.640）***	3.268 （3.429）***	2.553 （2.605）***	3.205 （5.957）***
Subsidy	1.099 （4.598）***	0.481 （4.670）***	0.492 （4.432）***	0.759 （5.308）***	0.383 （5.892）***
Concentr	−0.03 （0.909）	−0.072 （2.4）**	−0.074 （2.741）***	−0.069 （2.555）**	−0.072 （2.667）***
Balance	0.069 （1.045）	0.057 （0.814）	0.072 （1.014）	0.071 （1.076）	0.079 （1.113）
IDR	0.003 （0.375）	0.004 （0.5）	0.008 （1.143）	0.003 （0.375）	0.004 （0.571）

续表

	模型2（1）	模型2（2）	模型2（3）	模型2（4）	模型2（5）
Adjunct	−0.033 （0.384）	−0.043 （0.5）	−0.04 （0.482）	0.094 （1.492）	−0.045 （0.549）
Incentive	0.125 （5）***	0.128 （5.12）***	0.128 （4.27）***	0.123 （4.1）***	0.107 （6.688）***
Log （Size）	−0.354 （6.436）***	−0.364 （6.5）***	−0.371 （6.745）***	−0.351 （6.382）***	−0.362 （6.351）***
CI	0.066 （1.941）*	0.073 （2.147）**	0.069 （2.029）**	−0.064 （1.882）*	−0.067 （1.971）*
AL	0.383 （2.660）***	0.375 （2.585）**	0.384 （2.145）**	0.412 （1.126）	0.376 （2.112）**
Profits	0.003 （1）	0.003 （1）	0.003 （1）	0.003 （1）	0.003 （1）
Debts	−0.002 （1）	−0.003 （1.5）	−0.002 （1）	−0.003 （1.5）	−0.002 （1）
Industry	−0.225 （2.961）***	−0.207 （2.723）***	−0.214 （2.853）***	−0.206 （2.711）***	−0.213 （2.803）***
Subsidy × Concentr	−0.038 （2.714）***				
Subsidy × Balance		0.049 （0.817）			
Subsidy × IDR			0.082 （1.206）		
Subsidy × Adjunct				−0.108 （3.724）***	
Subsidy × Incentive					0.083 （2.806）***
调整的 R^2	0.213	0.202	0.204	0.216	0.202
F 统计量	11.905	11.191	11.284	12.082	11.175

模型2（1）所示，股权集中度与政府补贴的交互项系数为负，且在企业研发支出占比的分析中显著，说明股权集中度对政府补贴与企业研发人员占比有负向但不显著的调节作用，而对政府补贴与企业研发支出占比的关系有显著的负向调节效应，即股权集中度的上升抑制了政府补贴研发支出的促进作用。模型2（2）中股权制衡度与政府补贴的系数为正，但结果不显著，对于本研究中的样本企业而言，股权制衡度对政府补贴与企业创新能力存在一定的正向调节作用，不够明显。模型2（3）中独立董事占比与政府补贴交互项系数均为正，且在企业研发人员占比的分析中非常显著，说明独立董事人数占比的增加能在显著加强政府补贴对研发人员占比的正向促进作用，即当企业中独立董事占比越高时，政府对研发人员占比的正向作用越大。模型2（4）中董事长与总经理两职兼任情况与政府补贴的系数为负，且当企业存在两权兼任的情况时，政府补贴对研发支出的占比的促进作用受到了抑制。即相比于存在两权兼任的企业，两职独立的企业中政府补贴对研发支出占比的影响更大，且具有统计显著性。两权兼任情况对研发支出占比也存在一定的负向调节作用，但不显著。模型2（5）中高管薪酬与政府补贴交互项系数均显著为正，说明企业高管薪酬越高，政府补贴对企业创新能力的促进作用越强。

五、本章小结

从总体上来看，政府补贴对企业创新能力的提升有显著的积极作用，增加政府补助能使得中国中小上市公司的创新能力显著的提升；公司治理能力中，股权集中度对中小上市公司创新能力有显著的负向影响，而高管薪酬则能显著的促进企业创新能力的提升；单独来看。股权制衡度、董事会结构和两权兼任情况对中小上市公司创新能力不存在显著的影响。独立董事占比和高管薪酬的提升有利于加强政府补贴对于企业研发人员占比的积极影响；降低股权集中度，分开设立董事长和总经理职位和增加高管薪酬能显著加强政府补贴对于企业研发投入的占比的正向作用。

根据本章的研究结果及结论，我们认为：

第一，从政府的角度来看，加大政府对中国中小上市企业的补贴力度以激励企业不断增加研发人员和研发投入，提升中小上市企业创新能力和创新产出。

第二，从企业的视角而言，优化企业股权集中度策略，降低中小上市企业股权集中度，有利于增加企业创新研发人员和资金投入；同时企业可以通过增加企业激励效应如高管薪酬，激励企业研发投入，提升企业创新竞争力。

第三，综合政府和企业的角度，在加大政府补贴力度的同时改善公司治理情况，如降低股权集中度、增加企业独立董事占比和高管薪酬、分开设立董事长和总经理职位等能在更大程度上激励企业增加创新投入，刺激企业创新投资。

参考文献：

[1] 马佳琴，冒乔玲. 技术创新对中小企业成长影响的文献综述——基十特定公司治理环境的视角. 科技管理研究，2014（4）：191 – 195.

[2] 王遂昆，郝继伟. 政府补贴、税收与企业研发创新绩效关系研究——基于深圳中小板上市企业的经验数据 [J]. 科技

进步与对策，2014，31（9）：92 – 96.

［3］刘磊，李海燕，庞遥遥. 企业技术创新与政府补贴行为间关系的实证研究——基于创业板上市公司的经验证据［J］. 技术经济，2013，12：21 – 24 + 110.

［4］张树义，蔡婧靖. 企业合作技术创新的博弈分析［J］. 科技管理研究，2013（14）：10 – 14.

［5］杨建君，吴春鹏. 公司治理结构对企业技术创新选择的影响［J］. 西安交通大学学报（社会科学版），2007（1）：34 – 38.

［6］鲁银梭，郝云宏. 公司治理与技术创新的相关性综述［J］. 科技进步与对策，2012（5）：156 – 160.

［7］刘胜强，刘星. 股权结构对企业 R&D 投资的影响——来自制造业上市公司 2002 ~ 2008 年的经验数据［J］. 软科学. 2010（7）：33 – 36.

［8］Tricker R. International Corporate Governance：Text, Readings and Cases，Prentice Hall［N］. New Jersey，1994.

［9］张宗益，陈龙. 政府补贴对我国战略性新兴产业内部 RAD 投入影响的实证研究［J］. 技术经济，2013（6）：15 – 20.

［10］Jensen Michael C.，Meckling William H. Theory of the firm：managerial behavior，agency costs and ownership structure. Journal of Financial Economics，1976，3（4）：305 – 360.

［11］Balkin，D. B.，Markman，G. D. and Gomez – Mejia L. R. Is CEO Pay in Technology Firms Related to Innovation. The Academy of Management，2000，43（6）：1118 – 1129.

［12］Falk M. What drives business R&D intensity across OECD countries［R］. WIFO Working Paper No. 263，2004.

［13］Hewitt – Dundas N, Roper S. Output additionality of public support for innovation：Evidence for irish manufacturing plants ［J］. European Planning Studies, 2010, 18（1）：107 – 122.

［14］毛其淋, 许家云. 政府补贴对企业产品创新的影响——基于补贴强度"适度区间"的视角［J］. 中国工业经济, 2015（6）.

第十章

高新区创新战略发展中的政府行为

——以武汉东湖高新区为例

本章论述了创新扶持的原动力与自主创新的原动力，并以武汉东湖开发区为案例进行了详细剖析，具体对华中数控进行了全面的详解。政府从市场失灵，融资约束以及国家战略与区域发展等角度会给予企业创新扶持，而地方政府往往从区域产业经济的发展等角度给予创新扶持。作为创新活动的主体，企业研发投入的原动力来源于市场需求与自身利益的获取。如果创新不能带来足够的收益，就只能依赖政府补贴生存。

一、高新区创新扶持的原动力

（一）市场失灵与融资约束

在欧盟国家中，企业接受来自国家，区域和欧盟层面的 R&D 补贴，在美国有联邦和各州的 R&D 项目，我国也有来自中央与地方各级政府的研发与创新补贴。我国来自中央政府的补贴与地方政府的补贴，两者在补贴目标上存在差异。但一般认为，政府公共投资以及补贴与激励存在的根本原因是 R&D 活动的市场失灵与融资约束。

由于 R&D 活动的准公共物品特性，即消费上的非完全排他性和收益上的非完全独占性，R&D 活动的这种外部性特征使得企业从事 R&D 活动的私人收益率低于社会收益率，同时由于 R&D 过程中的不确定性和风险性，自主激励不足，使得企业 R&D 投资不足，低于社会最佳水平。为弥补这种不足，应由政府去主动干预这种研发行为（Arrow，1962；Nelson，1959）。解维敏（2008）认为政府有三种潜在的机制来矫正 R&D 活动的"市场失灵"，即加强知识产权的保护，增加创新者最终可以独占的社会收益的份额，或由政府科研机构直接进行研发，或与独占性问题更加严重的领域内的企业联合研发，或提供税收优惠，研发补贴或者政府低息甚至无息贷款，直接对私人企业进行创新激励。

企业 R&D 投入是需要大量的资金长期稳定持续的投入，资金的可获得性与资金成本是影响企业进行研发投入的关键因素。如果企业的研发经费来自于外部融资，则企业研发成本将增加，更加剧了供给不足，创新投入受到融资约束。

（二）经济增长与国家战略

研究表明，一个国家的经济增长水平和其研发投资水平高度相关的。企业研发是创新的驱动力，也是一个竞争优势和经济增长的主要推动力。研发与创新不仅推动经济增长，甚至影响到国家安危，也正因为如此，许多国家都把强化企业自主科技创新作为国家战略，把科技投资作为战略性投资，大幅度增强对企业的科研激励，并超前部署和发展前沿技术及战略产业，实施重大科技计划，着力增强企业和国家的创新能力和国际竞争力。公共 R&D 支出不断增长，给予企业 R&D 补贴和税收优惠的力度也在不断加大。

（三） 研发资本和研发人员的国际争夺

研发补贴的空间已经超越了国界，未来研发资本和研发人才的竞争不再局限于国内之间的竞争，而是已经扩展到国际范围，基于全球研发资源的整合和分配基础之上，保留研发资源和人力资本以及提高对国际间企业研发资本及高质量研发人才的吸引力。

（四） 区域结构调整

我国 30 年的实践表明，区域产业中公共财政功能发挥了示范、辐射和带动作用，为我国产业结构调整和经济增长方式转变发挥了重要作用。在提升区域发展能力，推动城市化发展、促进区域形态的有序变化，使区域经济良性发展等方面扮演了重要角色。

（五） 区域产业经济的发展

地方政府在企业 R&D 补贴决策中，除了校正市场失灵以及解决企业 R&D 投入的资本约束问题，更多的是着眼于地区经济的发展与产业结构的调整。作为第二个国家自主创新示范区，东湖高新区在"政府引导、政策扶持、企业主导、市场运作"原则下，东湖高新区3年投资逾5亿招揽全球人才，密集出台一批新政策，形成23项政策组成的政策支撑体系，重点支持科技支行、天使投资、融资租赁、要素市场等金融新业态、新产品和新服务。2012年，更是安排超过3亿元财政预算资金，专项用于政策性补贴和风险补偿。旨在打造"自主创新的高地，新兴产业、专业高端的核心制造聚集区，新兴产业的辐射源"，成为"国家新技术创造中心、新产业生成中心、新制度创新中心、新文化培育中心"，成为享誉世界的"光谷"。

二、高新区发展中的创新扶持手段

（一）创新扶持手段比较

实践中创新扶持一般采用税收优惠、财政补贴、金融支持和政府购买四种政策工具。其中最常用的是税收优惠和直接补贴政策，以此来降低企业研发投入成本，弥补企业资金不足，刺激企业增加研发投入。直接补贴主要通过政府直接拨款、财政援助、低息贷款等形式，常用来支持关键项目、大企业、重点行业部门和关键技术的发展，通常以配套资金的形式出现，即补贴R&D项目的成本由申请企业和政府分担；或给予合作研究项目。税收优惠的对象和范围则十分广泛，企业可以根据需要自行决定研发投入的方向和数额（会计之友，2012）。税收优惠政策在市场干预、管理成本、灵活程度等方面都要优于财政补贴政策，但是在公平性、有效性方面效果次于财政补贴政策（OECD，2002）。

政策性金融政策主要包括政府设立专项扶持基金，利用国有经济部门的资金渠道或鼓励投资机构向中小企业投资以及为中小企业融资提供信贷担保等。

（二）东湖高新区创新扶持资金来源

1. 国家资金

（1）国家项目资金。

国家项目资金主要包括火炬计划项目立项资金和国家高技术产业化示范工程项目资金。

火炬计划是于1988年8月经国务院批准，由科技部组织实施的一项发展中国高新技术产业的指导性计划。其宗旨是实施科教兴国战略，促进高新技术成果商品化、高新技术商品产业化和高新技术产业国际化。火炬计划项目是火炬计划的一个重要组成部分，其目的是择优评选并组织实施高科技产业化项目。火炬计划项目为国家级和地方级。

东湖开发区自成立到1992年底，累计实施火炬计划项目94项，其中国家级15项，总投入资金1.5亿元，落实各类项目贷款1亿元。通过火炬计划项目的实施，东湖开发区在光纤通信、生物工程、新材料、微电子与计算机软件、激光技术及机电一体化等高新技术领域初具规模。截至1995年底，开发区累计实施各类产业计划项目155项，其中国家级43项；共争取各项科技贷款4.1亿元，其中1995年达1.85亿元。其他各年的火炬项目立项个数及资助金额如表 10 - 1 所示。

表 10 - 1 东湖高新区火炬项目立项个数与资助金额

年度	国家省区市产业项目立项个数（个）	资助金额（亿元）
1988～1995	255	4.1
1999	13	1.26
2002	71	2.51
2003	42	2
2004	145	2.21
2005	285	2.75
2006	375	2.32
2007	465	2.73
2008	386	3.4
2010	592	7.31

国家高技术产业化项目，即"国债项目"，是"为推动高技术产业发展，促进产业结构升级和优化，经原国家发展计划委员会批准、以国家资本金方式使用通过增发国债列入中央财政预算内的专项资金（即'国债资金'）建设，以关键技术的工程化集成、示范为主要内容，或以规模化应用为目标的科技自主创新成果转化项目"。1998 年东湖高新区有三项产业项目获批高技术产业化示范工程项目计划，获得 5000 万元国家资本金投入以及 2.6 亿元国家开发银行贷款。

（2）国家预算资金。

2001 年通过国家部委安排的中央财政预算内专项资金 2.08 亿元；开发区财政实际投入 2.97 亿元；共计筹资 60 亿元。高科技农业成果转化加快，获得国家科技部批准的农业成果 14 项，争取资金支持 950 万元。

2. 地方政府资金

地方政府创新扶持资金主要有资本市场融资，如企业上市，发行债券，投资基金等，银行等金融机构提供贷款，实施科技金融创新配套政策，引入风险投资资金，实施政府采购项目，人才战略等。

截至 2012 年 6 月 8 日，东湖高新区上市公司数量已达 31 家，占湖北省上市公司总数的 1/3，占武汉市总数的 2/3，在资本市场融资超过 384 亿元。除了上市融资，东湖高新区企业发行债券。如 2002 年发行企业债券 1 亿元，2010 年发行企业债券 15 亿元。具体如表 10 - 2 所示。

表 10 - 2　　　2010 年东湖高新区自主创新政府扶持资金

资金来源		资助金额（亿元）
国家省区市项目	592 个项目立项	7.31
资本市场融资	东湖新技术开发区出台 5 项科技金融创新配套政策	全年累计融资额 600
	企业债券	15
	信用贷款	8.4
	应收账款质押贷款	31.5
	知识产权质押融资授信	20
	BT（建设、移交）融资 BOT（建设、经营、转让）融资	19.7
	8 只投资基金	20
政府采购	自主创新产品目录	15.6
人才战略	全年共引进和培养高层次人才 1000 多人，有 61 人入选国家"千人计划"，6 人入选省"百人计划"，177 个人才项目入选"3551 人才计划"	2.42

资料来源：武汉年鉴。

东湖高新区的发展契合我国对外开放激情澎湃，世界新知识、新经济与新技术风起云涌的历史潮流，东湖高新区的产生是时代的产物。1985 年成立东湖技术密集经济小区规划办公室。1987 年被定为国家在中心城市试办新兴技术、新兴产业的小经济区之一。1988 年 6 月，成立东湖新技术开发区管理办公室。1991 年 3 月被批准为国家级高新技术产业开发区并给予相当于沿海经济特区的优惠政策；武汉市制定了包括高新技术企业认定、税收、财政、金融、外经外贸外事、劳动人事、发展内联、科技工业园建设、开发区管理体制等 9 个配套性政策文件。1992 年 5 月，国家体改委和国家科委正式确定开发区为全国高新技术产业开发区综合改革试点区。2001 年，被批准为国家光电子产业基地，即"武汉·中国光谷"。2006 年 12 月 25 日被授予"中国城市服务外包基地"称号，成为国家软件服务外包基地城市示范区。2009 年成为继北京中关村之后的第二个国家自主创新示范区。伴随经济的发展，东湖高新区的版图一步步得以扩张，规划开发面积由原来的 221.93 平方公里，扩至 518.06 平方公里，托管面积比以前增加一倍有余。

三、东湖高新区产业发展及创新发展情况

（一）东湖高新区产业发展情况

经过多年的发展，东湖高新区形成了光电子信息、现代装备、生物医药、能源环保与高技术服务等五大产业体系（见表

10 – 3）。2004～2009 年光电子信息产业占总收入的比重平均为
36.31%，一直是东湖高新区的主导产业。现代装备制造业
平均占比 15.45%，为东湖高新区第二大产业主体，能源与环
保产业平均占比 14.29%，生物工程与医药产业平均占比
7.04%。

表 10 –3　　　　　　　　　　东湖高新区各产业收入　　　　　单位：亿元

年份	2004	2005	2006	2007	2008	2009	2010
企业总收入	586.25	724.97	1004.07	1306.36	1759.23	2261.41	2926
光电子信息产业	213.58	265.88	350.94	427.69	656.25	835.6	1144
现代装备制造业	80.51	116.66	139.78	217.49	319.38	350.0	414
生物医药产业	38.36	44.17	52.99	84.19	133	201.5	248
能源环保产业	61.56	112.75	161.49	217.87	314.13	345.7	237
高技术服务业				145.93		161.34	192

资料来源：武汉年鉴及东湖高新区发展报告。

（二）东湖高新区科技发展与创新情况

从表 10 –4 可以看出，2005～2009 年研发人员在科技活动人
员中占比 64% 左右。从科技经费构成总量分析，R&D 投入支出
占比分别为 55.87%、69.66%、73.05%、59.11% 和 81.05%，
试验发展支出 2005～2008 年占 R&D 投入的 87.39%、86.48%、
91.06% 及 98.9，说明东湖高新区科技创新活动一直以来都是
以成熟技术向产业、产品转化为重点，并且这一趋势逐年更加明
显。2005～2007 年基础研究支出分别为 0.11 亿元，0.4 亿元和
0.41 亿元，说明东湖高新区开始重视原始创新工作，希望以原

始创新来赢得自主知识产权的制高点。但是，原始创新投入仅占 R&D 投入的 0.63%、1.43%、1.05%，远远不够。科技项目和研发项目持续增加，其中 2008～2009 年研发项目占科技项目的比重分别为 52.8%、54.81%，说明东湖高新区更加重视企业的技术创新工作，以开发和生产高新技术产品来提升企业市场竞争力。

表 10 - 4　　　2005～2009 年东湖高新区科技研发与创新情况

年份		2005	2006	2007	2008	2009
科技活动人员（人）		29137	33240	39507	52208	70410
研发人员（人）		18650	21141	25628	33576	43232
科技经费筹资（亿元）		25.68	39.01	53.66	71.88	105.34
其中：	企业资金	20.13	26.42	40.38	56.64	
	金融机构贷款	1.20	2.29	2.10	3.53	
	政府部门资金	3.30	7.75	7.14	7.95	
	其他	1.05	2.46	4.14	4.63	
科技经费支出（亿元）		31.5	40.25	53.29	94.23	94.23
其中：R&D 投入		17.6	28.04	38.93	55.7	76.37
其中：基础研究支出		0.11	0.40	0.41		
应用研究支出		2.11	3.39	3.07		
试验发展支出		15.38	24.25	35.45	55.09	
成果应用支出		7.07	9.01	9.08		
新产品开发支出（亿元）		8.83	21.98	24.14	54.19	
科技项目数量（项）		1163	1705	5146	6692	7740
其中：R&D 项目数量（项）				2717	3668	
专利申请量（件）		1910	2504	2930	3429	4121
专利授权量（件）			1954	1456	1754	2175

资料来源：东湖高新区历年发展报告。

科技经费投入中，2005～2008 年企业资金投入分别为 20.13 亿元、26.42 亿元、40.38 亿元、56.64 亿元，占比 78.39%、67.73%、75.25%、78.80%，说明企业仍是科研经费的投入主体。其次是政府部门资金投入，分别占比 16.39%、29.33%、17.68%、14.34%，甚至高于金融机构贷款的比重 4.67%、5.87%、3.91%、4.91%。

2006～2009 年，东湖高新区专利申请量与授权量稳步增长，占武汉市申请量的 65%，成为武汉市的重要创新基地。

四、华中数控案例分析

对企业而言，创新是商业化行为，创新成果应用在市场中，才能产生最大的效益，如果只能或只是停留在研发机构的产品阶段则将是严重的资源浪费，甚至由于大量的成本支出导致企业的创新风险。

（一）数控机床行业发展的国家战略意义

华中数控所在的行业为我国的机床行业。尽管机床行业产值不到 GDP 的 1%，但它对国民经济的贡献则远高出这一数量概念，是经济发展战略中重要的支柱性产业。机床行业的下游产业涉及汽车行业（约占 45%），机械行业（约占 25%）以及军工行业（约占 10%），见图 10-1。普通机械包含的子行业众多，而工程机械是机械行业中的机床需求大户，约占整个机械行业需求的 40%。工程机械的下游需求以房地产、基建和采矿业为主，三者占总需求的比例分别为 50%、30% 和 15%。军工行业包括航空航天、造船、兵器、核工业等。因此，机床行业的发展对国防战略，国家安全也具有深远的影响（见图 10 - 1）。

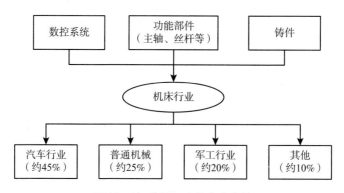

图 10 - 1　我国机床行业产业链

资料来源：财富证券。

中国是世界最大机床消费国和进口国，从 2009 年起，又成为世界第一大机床生产国。2010 年中国机床产值 209 亿美元，占世界 28 个主要机床生产国家和地区总产值 663 亿美元的 31%（机床行业协会）。但机床大国并非强国。中国机床出口仅占产值的 9%，远低于世界其他主要机床生产国和地区。日本、德国以及意大利机床出口比例都在 66% 左右。因此国家密集出台各项政策希望能刺激中国机床行业的良性发展。如 2009 年机床行业相关产业政策如表 10 - 5 所示：

表 10 - 5　　　　2009 年机床行业相关产业政策汇总

时间	政策名称	政策类型
2009 年 1 月	增值税改革及配套刺激国内机床工具	税收政策调整
2009 年 2 月	国务院通过制造业振兴规划	结构调整

续表

时间	政策名称	政策类型
2009 年 2 月	商务部促进机电产品出口六大措施	扩大内需、结构调整
2009 年 5 月	装备制造业调整和振兴规划公布	结构调整、产业升级
2009 年 5 月	工信部推动工业节能减排	节能减排
2009 年 6 月	机电出口退税率再次调整	税收政策调整
2009 年 7 月	五类机床工具产品出口退税率上调	税收调整、扩大内需
2009 年 9 月	进口税直接免，重大技术装备自主化受益	税收调整
2009 年 12 月	数控机床产品等增值税先征后退政策	税收调整、扩大内需
2009 年 12 月	调整进出口关税税则	税收调整、扩大内需
2009 年 12 月	《重大技术装备自主创新指导目录》公布	结构调整、产业升级

资料来源：北京世经未来投资咨询公司。

数控机床是现代制造业的基础，是衡量装备制造业综合实力的重要标志，也是我国装备制造业升级的关键（见图 10 - 2）。

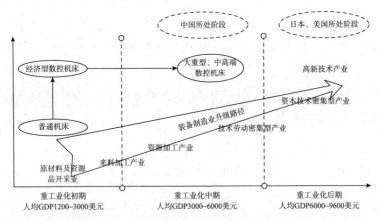

图 10 - 2　数控机床在装备制造业升级中的作用

资料来源：财富证券。

　　高端装备制造业技术密集、附加值高，带动性强，是产业链的核心环节和发展的"引擎"。高档数控系统是高端装备的核心基础零部件，高档数控机床是航天和军工等高端装备的加工母机，属于国家战略性的高技术产业，一个国家数控机床拥有量的多少和水平的高低直接关系到国家的经济命脉和国防安全，我国目前99％的高档数控机床依赖进口。为改变这种现状，国家出台了较多相关的税收优惠政策、并提供了较多发展基金支持。国务院批准实施《装备制造业调整和振兴规划》明确提出："坚持装备自主化与重点建设工程相结合，坚持自主开发与引进消化吸收相结合，坚持发展整机与提高基础配套水平相结合的基本原则"。《国家中长期科学和技术发展规划纲要（2006~2020）》中将"高档数控机床与基础制造装备重大专项"列为16个国家科技重大专项之一，同时出台《国务院关于加快振兴装备制造业的若干意见》，包括推进首台首套的示范应用工程和较大规模的财务支持政策。希望能提升中国机床工业的技术和制造水平，提高国产机床的竞争力。

　　我国机床产量数控化率从2001年的9.12％上升为2008年的19.79％，2011年达到29.9％，机床数控化率不断提高，但与发达国家相比仍有相当大差距。产品研发是机床产业升级的关键，目前我国机床工业的产品研发力量由企业的研发基地、高等院校研究部门和专门设置的研究机构七所一院组成，三者从不同角度为我国机床工业技术进步做出贡献。

　　华中数控就是在这一背景下崛起的。华中数控依托华中科技大学的技术原始投入，建立起开放式数控系统软、硬件技术平台，形成了产学研一体化的战略技术开发与产业化模式。华中数控首先以数控改造旧机床和开拓数控装备教育市场作为市场突破口，之后通过连续几年的自主研发和承担国家重大科研攻关项目，逐步掌握了数控系统的全套关键技术，成为国内唯一拥有成套核心技术自主知识产权和自主配套能力的数控企业。

（二）华中数控自主创新资金来源

华中数控技术创新的资金投入主要来源于四部分：

1. 国债项目的资金支持

1997 年和 2000 年，国家发改委分别投入国债资金 1000 万元和 9975.61 万元，立项支持"华中数控"开展技术开发和产业化攻关；"全数字交流伺服驱动系统产业化项目"被列入 2006 年重大装备自主化专项（第二批）中央预算内专项资金（国债）投资计划，发改委又投入国债资金 556 万元。

2. 重大项目资金支持

获得自然科学基金、国家 973、863 项目、国家科技攻关、地方科技攻关等国家、地方的多项重大项目资金支持，仅"十五"期间就累计实现科研经费 3531 万元。"十一五"期间承担《高档数控机床与基础制造装备》国家重大科技专项三项课题：基于多种国产 CPU 芯片的跨平台高档数控装置、开放式全数字高档数控装置、全数字高性能通用驱动装置及交流伺服电机工信厅投入资金为 1669 万元。"中高档数控系统及制造装备产业化项目"作为 2006 年度湖北省重大科技专项资金项目获经费 1000 万元。"基于国产龙芯 CPU 芯片的高档数控装置"为粤港关键领域重点突破项目，获项目拨款 226.10 万元。

3. 项目资助

工信部 2009 年度电子信息产业发展基金项目 100 万元。"基于以太网技术的数控系统现场总线"被列为深圳市南山区科技研发资金资助项目，获资助拨款 20 万元。2009 年湖北省给予 HSV - 18D 高压全数字交流伺服驱动单元产业化项目贴息补助以及非制冷红外热成像系统嵌入式软件开发项目资助款 65 万元。东湖高新区科技项目资助款 100 万元。2010 年全数字总线式高档数控系统产业化项目获得中央预算政府补助 920 万元。

4. 对外融资

获得社会化融资和银行贷款 7000 多万元，并吸引了北京第一机床厂等多家数控明星企业出资参股。

5. 参股、控股其他企业

以具有自主知识产权的重大科研成果，成熟的数控编程技术和资金等，通过控股、参股等多种形式，与其他企业共同组建了上海登奇机电技术有限公司等多家新型制造企业，实现资源整合，联合开展技术攻关（徐玲，2007）。

（三）华中数控 R&D 与自主创新成果

华中数控是国家首批"创新型企业""国家高技术研究发展计划成果产业化基地""国家高技术产业化示范工程"。是国内唯一拥有成套核心技术自主知识产权和自主配套能力的数控企业。在 5 轴（及以上）联动数控系统领域打破了国外的垄断。高档数控系统技术平台华中 8 型已通过了湖北省科技厅组织的技术鉴定，技术水平接近国际先进；配套华中 8 型数控系统的"大型叶片型面加工六坐标联动数控砂带磨床"通过了省部级成果鉴定，技术达到国际先进水平。2011 年取得了 14 项发明专利和 6 项软件著作权。具体华中数据研发与专利情况如表 10 –6 所示。

表 10 –6 　　　　　华中数控研发与专利情况

年份		2011	2010	2009	2008	2007
专利数		20	13	7	4	
营业收入（万元）		42522.91	38246.88	31397.25	30743.6	30291.26
R&D 投入	金额（万元）	2497	2148	1475.26	1415.94	1475.25
	占营业收入比重（%）	5.87	5.62	4.70	4.61	4.87
职工人数 其中：研发人员	数量	630	517	430	383	331
	数量	229	176	174	96	75
	占比（%）	36.35	34.04	40.47	25.07	22.66

（四）华中数控经营绩效

华中数控的数控机床业务主要面对国内教育实训基地，向国内的本科、高职、中职、技工等职业院校提供培养数控技能型人才的实训设备（数控机床）和增值服务，用于培训数控编程、操作、维修、维护等方面技能。教育实训基地建设大多由政府支持，财政支付。尽管数控机床业务收入占总收入的比重维持在 50% 以上，但是其销售毛利率比较低，平均为 15% 左右。红外产品的销售对象主要是海关、机场、医院等检验检疫部门，其需求具有偶发性和针对性，如 2009 年度由于 H1N1 疫情的爆发，政府紧急采购，招标价格较高，销售毛利率达到峰值（见表 10 - 7）。

表 10 - 7　　　　　华中数控主营业务销售情况

产品种类		2008 年	2009 年	2010 年	2011 年	平均
数控机床（%）	占总销售收入比重	48.94	46.73	55.30	52.69	50.92
	销售毛利率	14.42	14.57	20.01	13.21	15.55
数控系统（%）	占总销售收入比重	37.75	39.20	40.93	38.54	39.10
	销售毛利率	38.24	38.17	39.15	33.35	37.23
红外产品（%）	占总销售收入比重	7.22	13.43	3.61	5.61	7.47
	销售毛利率	39.24	44.67	31.34	49.97	41.31

而华中数控的核心业务为数控系统，即数控装置和伺服装置的研发、生产和销售。但是其核心业务销售占总收入的比重不足 40%。尽管销售毛利率较高，平均达 39.1%，但是其经营状况仍不容乐观。2009 年华中数控数控系统排名及市场占有情况如表 10 - 8 所示。

表 10 - 8　　　　2009 年华中数控数控系统排名及市场占有份额

数控系统	排名	市场份额（%）	内资企业市场份额（%）
经济型数控装置	第七	3.5	
中档数控装置	第一	30	20
高档数控装置	第一	66	1
交流伺服驱动装置	第三	12	
交流主轴驱动装置	第二	25	

高端数控系统（五轴联动及以上）外资占据99%的市场份额，华中数控等内资企业仅占1%；即使在中端数控系统中内资企业也仅占20%。有内资数控企业中，华中数控占内资高档数控系统市场份额的66%，占内资中档数控系统市场份额的30%（程久龙，2011）。也即中档数系统装置仅占市场份额的6%，高档数控系统仅占0.66%。

剔除所得税效应，2011年政府补贴对净利润的贡献率高达42.12%（见表10-9）。其自身盈利能力较差。

表 10-9   华中数控净利润

年份	2007	2008	2009	2010	2011
政府补贴（万元）	841	1461	1348	2275	1390
计入当期损益的政府补贴（万元）	202	691	533	2257	1346
净利润（万元）	3493	3867	4316	5365	2869
政府补贴对净利润的贡献率（%）	5.03	15.54	10.73	36.59	42.12

尽管高档数控机床关系到高端装备制造和国家战略安全，国产化势在必行。但是由于我国重型中高档数控机床产品与国际先进国家产品"形似而神不似"，存在"貌合神离"的情况，在阶段精度稳定性、工序能力系数、平均无故障工作时间等方面还存在很大差距。据中国机床工具工业协会2012年对12家航空航天、军工、汽车、船舶、能源等重点领域用户的行业调研中，发现在某些加工工序不算复杂的企业，国产机床占比较大，达到总设备的60%左右，但都以中低档数控机床单机应用为主，其中大部分是2轴的经济型数控车床、3轴的加工中心和数控铣等。

但在一些航空等高端应用领域，使用的主要是大型、复合、精密、多轴联动高档机床，要求机床具有高刚性、高效率，对难加工材料进行切削，占比很小的国产机床往往只能用于一般工序或作为辅助设备，很少进入关键制造工序。

华中数控研发能力强，但是经营效益差，这是我国装备制造业的典型代表。由于大量的装备制造业为外资所控制，即使有先进的研发技术也无法带来更大的经济效益。一方面由于其国家战略意义，自主创新夺回装备制造业主导权的唯一路径；另一方面，由于外资所控制，企业缺乏市场需求，难以取得效益最大化。只能依赖国家补贴生存。

五、华中数控案例讨论与延伸

企业 R&D 的动力来自内外两个方面，其内在驱动因素主要有利益最大化、企业家精神和企业文化。外部驱动因素有科学技术、社会需要或市场需求、市场竞争和政府政策等。在内在动力中，利益驱动是最根本的推动力。在外部动力中，市场需求是最根本的推动力。市场需求为 R&D 课题的提出和形成提供明确的目标指向（刘胜强，2007）。脱离客户需求的创新，将会偏离正确的轨道，成为企业的累赘，难以实现市场份额最大化和利润最大化。

创新的本质是将技术与客户需求进行巧妙的结合。在 R&D 活动过程中，与市场需求结合无问题的，其成功率高达 67%，只有 13.8% 左右是失败的；与市场需求结合有严重问题的，其失败率往往高达 64% 左右（来兴显，1995）。美国麻省理工学院的马奎斯（D. Marquis）研究了 567 项不同的创新方案，其中有 75%是以市场需求为出发点，只有 20%是由技术本身发展所推动。西欧的一项调查研究的结果表明，全新、首创的新思路，58%是来自用户，30%是来自企业的市场需求，其他来源为 12%（吴运健，2007）。陈仲常，余翔（2007）运用我国大中型工业企业产业层面的面板数据，研究了新产品市场需求、行业竞争以及外部筹资环境这三方面的外部环境因素对企业研发投入的影响。研究表明，前期新产品市场需求对企业研发投入有着重要的积极影响，行业中的竞争在总体上还未对企业研发投入产生显著的促进作用，而企业研发的外部筹资环境还有待进一步发展和完善。

（一） 激光产业

同样，作为东湖高新区激光三巨头华工科技、楚天激光、团结激光也面临着类似的困境。华工科技研制的 25 瓦脉冲光纤激光器、100 瓦连续光纤激光器打破了发达国家的垄断格局。楚天激光创造了多个第一，团结激光所生产的二氧化碳激光成套设备销售量占国内市场份额的 50%以上。但是世界激光器市场基本为三强所瓜分，美国（包括北美）占 55%，欧洲占 22%，日本及太平洋地区占 23%。我国仅占 2%。我国激光加工设备市场仍然集中在初级领域。国际上，激光切割和焊接构成了激光加工设备销售额的主体（50%以上），并且占据了激光加工设备的高端市场。但在中国激光加工设备市场中，小功率的激光标记机的市场份额超过了 40%，而激光切割的市场份额只有 30%左右，并且这 30%的市场份额还主要被外资或合资激光设备厂商（如上海团结普利马、ROFIN、TRUMPF、MIYACHI 等）所占有。

（二）光通信产业——烽火通信

烽火通信作为我国光通信产业龙头，拥有最完整的光通信产业链，主营产品包括通信网络、光纤光缆、数据网络。烽火科技一方面以客户需求为导向进行新技术、新业务的开发，一方面要实现与运营业的联手、互动发展，根据不同客户群体的不同需求和变化提供创新、个性化的产品和服务。另一方面还要实施"走出去"战略，加大海外市场的拓展力度。同时由于在光通信、三网融合和下一代网络等技术拥有国内领先优势，受益于国家对战略新兴产业的扶持和国家宽带化战略的政策倾斜。

（三）通信设备制造业——精伦电子

而与之相反的则是曾是"创新先锋"的精伦电子。精伦电子最早的定位是生产电话计费器、IC 卡电话，1999 年公司完全依靠计费器业务获得高速增长，但是，电信行业发展规律决定了公用通信只能是电信业发展的一个阶段性热点。2000～2001 年计费器业务大幅下滑，2002 年 IC 卡话机大幅下滑并没落，其他高新技术公司如华为等的兴起，企业逐渐失去技术优势。尽管随后经历三次重大的技术转型，但也未能扭转这种颓势。2005 年将开发项目集中在税控收款机与二代身份证阅读机项目等新兴电子产品上，结果税控收款机项目投入 4998 万元却未产生任何收益，二代身份证阅读机项目投入 3520 万元，仅产生 324 万元收益；2006 年开始向消费电子领域转型，重点开发车载导航系统 GPS，2007 年仅产生利润 700 多万元，随后利润逐年下滑，2008 年、2009 年连续两年净利润为负被 ST。2009 年开始向方案设计、IT 服务方面转型，但开发近两年的产品 H3 与乐视网 IPTV 发生版权纠纷（童颖，2012）。精伦电子亏损的根本原因在于没有很好地把握市场需求，公司开发的很多产品属于衰退期，尽管研发支出花费巨额资金，但收效甚微，最后只能靠政府补贴度日（证券日报，2010）。具体如表 10 – 10 所示。

表 10 – 10　　　　　精伦电子盈利与政府补贴情况　　　单位：万元

年份	2007	2008	2009	2010	2011
净利润	691	– 7723	– 17031	1270	6030
扣除非经常性损益的净利润	– 1860	– 7850	– 17281	731	– 3480
政府补贴	53	210	161	575	415
R&D 投入	1336	1075	2547	1767	1195

六、本 章 小 结

本章论述了高新区创新驱动战略中的政府作用，并以武汉东湖开发区为案例进行了详细剖析，具体对华中数控进行了全面的详解。

政府从市场失灵，融资约束以及国家战略与区域发展等角度会给予企业创新扶持，而地方政府往往从区域产业经济的发展等角度给予创新扶持。作为创新活动的主体，企业研发投入的原动力来源于市场需求与自身利益的获取。如果创新不能带来足够的收益，就只能依赖政府补贴生存。

参考文献：

[1] 陈仲常，余翔．企业研发投入的外部环境影响因素研究——基于产业层面的面板数据分析［J］．科研管理，2007（2）．

[2] 程久龙．潮水退去，方知谁在裸泳．经济观察报．2011 - 8 - 29.

[3] 刘胜强．企业技术创新的"原动力"分析［J］．科技管理研究，2007（10）．

[4] 童颖．ST 精伦技术改革窘境研究分析．决策与信息．2012（4）：266 - 267.

[5] 吴运健．以市场为导向的技术创新模式研究——以中兴通讯为例［J］．集团经济研究，2007（8）：12 - 15.

[6] 协会信息传媒部．从 2012 行业调研看重点用户对国产机床的评价和需求．中国机床工具报．2012 - 10 - 25.

[7] 徐玲．高技术企业技术创新战略："华中数控"的实证分析［J］．中国科技论坛．2007（9）：55 - 59.

第十一章

县域经济发展中的政府
行为及其经济效果分析

——湖北省蕲春县"医药兴县"战略效果反思

  湖北省蕲春县依托当地的人文资源以及药材种植、加工的优势提出了"医药兴县"的战略，提出促成"药农、药工、药市、药旅、药文"的全产业链。本章在这一背景下，从中药材种植、中药材加工、中药材流通、中药旅游以及中医药文化等全方位分析了蕲春县医药产业的发展，剖析政府扶持与地方产业发展的实际效果。

  由于近年来养生科学的日渐深入人心以及抗生素滥用的危害得到正视，中药也开始得到越来越多的重视。2011 年我国医药工业年产值达 1.452 万亿元，其中中成药产值在 3300 亿元，饮片在 870 亿元。中药产业产值占总医药工业（含化药、生化药、中药等）产值的 1/4。蕲春县是明代伟大医药学家李时珍的故乡，中药材生产具有得天独厚的人文资源优势和自然资源丰富的优势，也因此蕲春县适时提出了医药兴县战略。蕲春是全国 17 家中药材专业市场之一，蕲春县中医药产业园也是湖北省十大医药产业集群之一，因此研究蕲春县医药兴县战略的效果对于反思其他希望以特色发展地方经济的地区具有重要的启示，对于推动县域经济的发展，带动农业农村发展，促进农民增收，解决新时期的"三农"问题具有重要的参考价值。同时，蕲春县也是我国的国家级贫困县之一，研究蕲春县的发展对于我国国家贫困县如何利用自身的发展来寻求脱贫之路也具有重要的现实意义。

一、中医药产业发展的政府扶持

自从 1991 年，蕲春县委、县政府确立了"医药兴县"战略，政府开始扶持蕲春中医药的发展。主要表现在中药材种植补贴、中医药产业专项资金、税收等方面。主要以 2008 年为例来探讨政府对中医药行业的支持。详情见表 11 - 1 蕲春中医药行业相关产业政策汇总。

表 11 -1　　　　　　　蕲春中医药行业相关产业政策汇总

时间	政策名称	政策类型
2006 年 11 月	土地、城建、规划及税收优惠政策	土地、税收政策
2006 年 11 月	规模建设中药材基地的种苗补贴	种苗补贴政策
2006 年 11 月	医药产业化的企业和个人采取定税政策	税收政策
2008 年 1 月	完善和修改《蕲春县新型农村合作医疗制度实施办法》	医疗政策
2008 年 2 月	保护和激励中医上岗人员	中医保护政策
2008 年 3 月	设立医药产业集群发展专项资金	专项资金
2008 年 3 月	设立医药产业集群发展配套基金	配套资金
2008 年 6 月	关于加快中医药事业发展的决定	省委、省政府

时间	政策名称	政策类型
2008 年 6 月	完善中医药相关价格政策	医药价格政策
2008 年 8 月	药农种苗补贴	种苗补贴政策
2008 年 9 月	财政部门整合县直部门涉及"三农"的资金	整合资金政策
2008 年 9 月	增值税、所得税减免	税收政策
2008 年 9 月	建立多元投融资机制	金融资金政策
2008 年 9 月	完善扶持中药材生产的补贴政策	补贴政策
2008 年 9 月	中药材销售减免税	税收政策
2008 年 9 月	完善医疗保险政策	医疗政策
2008 年 10 月	蕲春县李时珍健康旅游发展纲要	药旅政策
2008 年 12 月	加大科技三项经费在中药材生产中的投入	科研经费政策
2008 年 12 月	安排旅游发展专项资金	专项资金

（一）税收政策

2006 年对从事医药产业化的企业和个人采取定税政策，特别对参与药材生产、加工、销售的企业和个人依法给予税收优惠，杜绝乱收费。而自从 2007 年新的企业会计准则实施以来，2008 年蕲春政府落实促进中医药发展的税收政策，对中药材生产经营者、中医药企业等应缴纳的增值税、所得税，按最低标准征收，符合免税条件的一律免税。具体的表现在：对农业生产者（含单位和个人）销售自产和农业专业合作社销售本社成员自产的中药材免征增值税；纳税人销售中药材月销售额未达到 5000元的免征增值税；中医药生产企业购进的中药材，可按 13% 抵扣增值税进项税额；从事中药材种植企业免征增值税；符合高新技术企业条件的中医药生产企业可享受所得税优惠。

（二）种苗补贴政策

自蕲春县委、县政府 2004 年出台了支持和激励中药材生产的种子种苗补贴政策，2005 年直接向种植中药材农户发放每亩补贴 50 元，补贴面积 7206 亩，涉及药农 344 户，发放补贴资金 42.88 万元，户平 1246.5 元。而 2008 年开始更加的完善种苗补贴政策，具体表现在：重点加大对"蕲药"优质种苗繁育、中药材规范化基地建设、技术培训和推广的补贴或奖励力度。平均每年发放药农种苗补贴资金超过 40 万元，惠及全县药农 400 余户，户平 1000 余元。县林业局在落实退耕还林政策上向木本药材种植倾斜。县药工办在不断加大技术服务的同时，致力于服务体系建设，引进外地企业，成立李时珍地道中药材有限公司，承担中药材种子、种苗基地建设，开展合同种植，对药农卖不出去的中药材实行包收，化解药农种植风险。2012 年发布《关于进一步发展中药材生产的意见》，整合整村扶贫开发、福彩、老区转移支付、库区移民、土地治理、以工代赈、坡耕地改造资金，整合各资金 1000 万元以上。按《关于蕲春县农村扶贫开发纲要（2011~2020）》的要求，在扶贫整村推进项目资金额中拿出 50% 支持中药材基地建设。

（三）中医药产业资金支持

中医药产业除了用地以及税收方面的优惠外，主要获得的支持还包括来自政府部门的直接补贴。以李时珍保健油公司（湖北省重点农业龙头企业）为例，2007~2011 年获得的补贴金额具体如表 11 - 2 所示：

表 11 - 2　　2007 ~ 2012 年蕲春县中医药产业直接补贴资金　　单位：元

补贴年度	资金来源	项目内容	补贴金额	项目管理单位
2007	粮油精深加工贴息资金	蕲春县油料精深加工设备更新改造	170000	粮食局
2008			270000	
2008			390000	
2010			350000	
2011			350000	
2008	农业综合开发产业化经营项目资金	双低油菜加工（车间，原料仓库，生物养化塘改造，厂区水泥跑面 800 米）	1800000	农发办
2009		双低油菜收购贷款财政贴息	400000	
2011		全县油菜籽、棉籽收购贷款贴息	240000	

其他中医药企业主要获得的补贴如表 11 - 3 所示。

表 11 - 3　　　　2011 ~ 2012 年主要医药公司直接补贴金额　　单位：元

补贴年度	补贴单位	项目资金来源	项目内容	补贴金额	项目管理单位
2011	李时珍健康产业开发公司	低产林改造资金	李时珍健康产业开发公司新建药材基地	800000	林业局、财政局
2011	李时珍医药集团	优势农产品板块资金	蕲春县桑茶药板块基地建设项目	500000	蕲春县财政局、蕲春县药材办
2012	李时珍生物科技有限公司	农业综合开发产业化经营项目资金	蕲春县万吨双低油菜收购贷款贴息	290000	农发办

（四） 李时珍旅游政策

2008 年蕲春县出台李时珍健康旅游发展纲要政策。主要表现在：（1）安排旅游发展专项资金，县财政每年安排不少于30 万元的宣传促销经费，并视财力逐年增加。（2）安排财政扶贫资金和扶贫信贷资金扶持建立旅游扶贫示范区，用于旅游区规划、农户搬迁、基础设施建设和生态环境改善。（3）加大招商引资力度，鼓励外商投资开发旅游景区景点建设。（4）景区公路建设，将通往景区的干线公路纳入全县重点公路规划建设和改造升级，并按全县旅游总体规划要求，控制旅游景区内和进入景区公路两侧的建筑物。（5）给予旅行社外地游客奖励。鼓励旅行社组织外地游客来蕲春旅游，并给予适当奖励。

（五） 中医药人才政策

对中医药人才的鼓励主要体现在：（1）加强对关键岗位、关键环节医药从业人员的岗位培训、继续教育和学历教育。（2）保护和激励中医上岗人员。中医新上岗人员，实行 3 年保护期；对原在职中医工作人员，其工资在应得绩效工资基础上，上浮 5% ~ 10%；奖励名科名医，获得省、市、县中医名科者，由县卫生局分布给予奖励 5 万元、3 万元、1 万元；获得省、市、县名医者，每月分别发给 200 元、100 元、50 元津贴；鼓励带徒传承，对带教老师实行补助，由所在单位每月补助 100 元。

（六） 中医医疗保险政策

2008 年 1 月县政府提出完善和修改《蕲春县新型农村合作医疗制度实施办法》。主要是（1）提高中医药服务的补偿比例。参加农民住院和门诊就医时发生的中医药适宜技术、中草药服务费用，在相应的补偿比例基础上再提高 5% 。（2）中医医疗保险。将符合条件的中医疗机构纳入城镇职工、居民医疗保险、工伤保险、新型农村合作医疗和社会救助定点医疗结构范围，将符合规定的中医诊疗项目和中医药适宜技术优先纳入基本医疗保险、工伤保险、新型农村合作医疗的支付范围。

二、蕲春县中医药产业发展及
政策扶持效果分析

县域经济，被赋予了承担农村发展，解决"三农"问题的重要作用，同时，也是推进城镇化发展的必由之路。县域经济的核心是发展县域特色经济。这种特色发展能使县域比较优势转变为县域经济优势，使得县域经济进入良性循环和有序发展，使特色经济成为县域经济的支柱产业。培育和发展特色产业不仅是转变县域经济增长方式的有效途径，是解决县域经济结构低水平趋向、推进县域经济结构调整的最佳选择。根据地区在某一阶段的要素禀赋结构，即经济中的自然资源、劳动力和资本的相对份额，在某一产业或产品上构建经济增长极，形成主导产业，提高县域经济增长的核心竞争力，最终促进区域经济全面发展。自

20世纪90年代以来，县政府检查把"医药兴县"作为县域经济的发展战略，大力推进医药产业化；2000年以来，政府走招商引资、发展兴业之路。近几年来，落实一系列政策扶持和激烈举措，提出促成"药农、药工、药市、药旅、药文"的全产业链，即中药材种植、中医药加工、医药流通、药旅联动、李时珍文化等一体化。现对于全产业链的单个环节逐一进行分析。

（一） 中药种植面积、种植品种与种植收益

从1990年的"医药兴县"战略开始，大兴种植中药材，每年的种植规模都在逐渐增长。1990年蕲春县中药材种植面积仅有25.73公顷。而从2000年以来，开始招商引资建中药材基地，到2005年蕲春县全县现有中药材种植面积达到147.53公顷，2006年5686.53公顷，2008年9027.93公顷，2010年10570.93公顷，总产量1210吨，总产值3631万元（含野生中药材），2011年11333.33公顷，总产量1500吨，总产值4500万元。2012年达到2000公顷。但是，在实际调查中我们发现，种植面积的统计口径仅包括了每年的增量，而对中药材种植的萎缩却缺乏统计。更何况耕地面积有限，未来能扩大的规模相当受限，而且粮食安全的耕地面积需予以保证，更何况种粮还可享受国家补贴。而种植药材完全取决于市场需求与市场行情。

尽管《本草纲目》记载的中药材品种产自蕲春的有800多种，但是这种规模化种植的结果发展成以种植蕲艾、夏枯草、栀子、厚朴、金银花为主导品种的格局。

据蕲春县统计年鉴2011年，药材（包括野生）的总产值为7767万元，而农业产值为255104万元，药材总产值只占农业产

值的 3.04%；药材种植占农业总产值的比例仍然很低。80% 中药材种植主体是农户。故主要分析中药种植对农民收入的贡献。据 2011 年农村住户 100 户调查情况，100 户农户的药材收入总计 18242 元，人均 42.92 元；而在 100 户农户的农产品收入是 1110525.51 元，人均 2613 元。人均药材收入仅占人均农产品收入的 1.64%，由此可见，农户种植药材的收益太小。并且，中药材生产不同于农副产品的生产，不能直接拿来食用，需要通过市场销售才能获取收益。

（二） 中药加工业发展情况

全县医药工业企业由 1991 年的 1 家发展到截至 2007 年底医药产业主体 50 余家，产业 GDP 约为 5.5 亿元，接近全县 GDP 总值的 10%。全县 2004 年有中医药保健品生产企业 9 家，形成保健酒、保健油、保健腰带、保健枕、保健饮料、健身皮蛋等中医药保健系列产品。李时珍保健油有限公司以蕲春地产中药材紫苏的主要成分为营养要素，以食用油为载体，生产国内首创的火炬计划产品——紫苏胶囊和紫苏保健油，年产值可达 5000 万元。李时珍生物科技有限公司以中药材为主要原料，生产清通舒、天聪一号、液体钙、蜂胶等保健品，生产能力达到 1 亿元。李时珍中药生技有限公司开发生产养力保健饮品，李时珍酒业有限公司生产李时珍补酒，李时珍保健腰带厂生产李时珍保健腰带和保健枕。

中药工业产值从 2008 年的 63702.3 万元增长到 2011 年的 128098.8 万元，增长率达到 101.09%；资产总计从 2008 年的 21344.4 万元增长到 2011 年的 45803.5 万元，增长率达到 114.59%；

主营业务收入从 2008 年的 65956.2 万元增长到 2011 年的
114128.7 万元，增长率达到 73.04%；利润总额从 2008 年的 710
万元增长到 2011 年的 2212.7 万元，增长率达到 211.65%。2011
年全部从业人员年平均人数 535 人相比 2008 年 339 人，增长了
57.82%。虽然中药工业产值在快速增长，但是总体的规模仍然
不大。从总体上看，蕲春中医产业的税赋还是很低。2011 年医
药制造业应交所得税 115.6 万元，平均所得税率仅 5.22%。而
2008 年应交所得税为 0，这可能是因为 2008 年符合条件高新企
业所得税享受政策优惠导致。总体医药制造业对全县的经济发展
贡献度不高。

（三）　中药流通业发展情况

作为全国 17 家中药材专业市场之一，李时珍中药材专业市
场"湖北李时珍国际医药港"已建成近 10 万平方米，可容纳
600 余户中药材经营商入驻，整个中药材专业市场全部建成后可
容纳 1500～2000 户道地中药材经销商入驻。但是，2012 年第 22
届李时珍药物交易会期间实际开业的仅 74 家，除去一家经销商
有几个门面和仓库后实际开业的只有 50 多家。药材主要销往医
院和药店，只有少数的销往国内相关企业和出口。经销商的月平
均营业额差距相差较大，低的不足 5000 元，高的可达 50000 元
以上。

（四）　中药旅游业发展情况

中医药旅游以具有药用作用的动植物为旅游对象，让旅游者

在旅游的过程中获得中医药物知识和体验中医药医疗文化。李时珍健康产业成立后，陆续在蕲春投资建设了华中影视基地明清影视城、南天河漂流、中药材观光园等旅游景点并于 2009 年成立了湖北李时珍健康文化旅游有限公司。2009 年 3 月至今，李时珍健康旅游有限公司共接待县内外旅游团队 821 个（其中 2009 年 156 个，2010 年 253 个，2011 年 291 个，2012 年截至 5 月 30 日 121 个），团队游客人数达 37734 人（其中 2009 年 8081 人，2010 年 12395 人，2011 年 13030 人），80% 以上为蕲春县外旅游团队。另外，李时珍健康旅游有限公司旗下景区自 2009 年以来平均接待散客 4 万余人，其中外地散客比例占 50%。但是，蕲春旅游核心主题不突出，缺乏鲜明特色，70% 以上游客反映蕲春虽为"医圣"李时珍的故乡，却没有很好开发这一资源。如果不能很好的注入新的中药元素，相比蕲春周围的旅游区，同样都是自然景观，既无特色，也无名牌效应，显然没有优势。

（五）中药养生业与文化业发展情况

李时珍药方有预防、保健、养生、治疗疑难杂症等作用。我们在问卷调查中发现，22% 的人认为李时珍药方在预防方面最有效，40% 的人认为在保健方面最有效，58% 的人认为在养生方面最有效，56% 的人认为在治疗疑难杂症方面最有效。显然中医药养生理念已经被社会广泛接受，中药养生业的前景良好。蕲春李时珍医药公司现已开发了艾草、艾条、艾精油系列养生产品。但是，中药养生涉及的领域广而杂，难以有效管理。

蕲春现已举办了 23 届李时珍药物交易会，同时还举办了、李时珍国际健康论坛和海峡两岸李时珍医药文化与产业发展论坛，通过学术交流、经贸洽谈、药物交易等形式，推广李时珍品牌，传播中医药文化。

三、本章小结

中医药行业本身的问题，影响政府扶持作用的效果发挥。中医药本身的弱质性，中药材作为经济作物的种植，不具有自给自足性，市场的波动容易影响农民种植的积极性。产业链的延伸问题。中药产品对道地药材的需求，对本地药材的需求有限。像李时珍医药公司仅从本地供货商进口一、两种中药材，其他都需要从外地运输。所以中医药产业对本地药材种植的带动作用效果明显，但深度与广度显著有限。

"医药兴县"是一种特色，是一种努力的方向，但是实际中医药产业在整个县域经济体系中占比并不高，对农村农业的发展带动不大，对农民的实际收入贡献度不高。寄希望于通过中医药产业解决"三农"问题，活跃整个地区经济，恐怕只能是一个无比美好的设想。

参考文献：

[1] 毕亮亮，李强. 我国县域创新能力提升对策研究 [J]. 科技进步与对策，2012（7）：37-40.

[2] 曹群. 我国县域经济发展的区域差异及模式选择 [J]. 商业研究，2012（8）：175-179.